工程试验检测系列教材

预应力孔道压浆密实度检测技术

罗辉　主编

中国建筑工业出版社

图书在版编目（CIP）数据

预应力孔道压浆密实度检测技术/罗辉主编.—北京：
中国建筑工业出版社，2020.5
工程试验检测系列教材
ISBN 978-7-112-24935-0

Ⅰ．①预…　Ⅱ．①罗…　Ⅲ．①钻孔压浆桩-检测-
教材　Ⅳ．①TU753.3

中国版本图书馆CIP数据核字（2020）第043756号

　　本书详细介绍了预应力孔道压浆密实度检测的主要内容和方法，并结合工程
应用，提出了预应力孔道循环压浆施工过程中的密实度测量技术。全书共分8章，
包括：预应力孔道压浆施工技术；预应力孔道压浆密实度对结构性能的影响；冲
击回波法预应力孔道压浆密实度检测技术；探地雷达法预应力孔道压浆密实度检
测技术；超声波法预应力孔道压浆密实度检测技术；其他预应力孔道压浆检测技
术；施工过程中预应力孔道压浆密实度测量技术；预应力孔道压浆缺陷修补技术。

　　期望本书能为读者全面了解当前预应力孔道压浆密实度检测技术的主要内容、
方法和发展趋势提供参考和帮助。

责任编辑：辛海丽
责任校对：党　蕾

工程试验检测系列教材
预应力孔道压浆密实度检测技术
罗辉　主编
*
中国建筑工业出版社出版、发行（北京海淀三里河路9号）
各地新华书店、建筑书店经销
霸州市顺浩图文科技发展有限公司制版
北京市密东印刷有限公司印刷
*
开本：787×1092毫米　1/16　印张：9¾　字数：237千字
2020年10月第一版　2020年10月第一次印刷
定价：**50.00**元
ISBN 978 - 7 - 112 - 24935 - 0
（35673）

本书编委会

主编单位：华中科技大学
 　　　　　武汉华中科大土木工程检测中心
主　　编：罗　辉
参　　编：银晓东　朱纪刚　杨永波
 　　　　　魏家乐　杨　鑫　李超胜

前　言

　　预应力混凝土结构由于预应力的施加使得在建造方面节省了大量的材料，减小了结构的重量，使结构轻型化，能够适应大跨度的发展，也可有效地避免混凝土结构开裂等，已在建设中广泛应用。预应力混凝土结构中的预应力筋是结构中的主要受力单元，压浆质量直接影响着预应力筋能否充分发挥作用。如果压浆不密实，水和空气的进入使得处于高度张拉状态的钢绞线材料易发生腐蚀，造成有效预应力降低。严重时，钢绞线会发生断裂，从而极大地影响桥梁的耐久性、安全性。此外，压浆质量缺陷还会导致混凝土应力集中致使混凝土损伤，改变结构的受力状态，从而影响结构的使用寿命。因此，对于预应力孔道压浆密实度的检测及检测技术的研究尤为重要。

　　本书共分8章，主要介绍了预应力孔道压浆施工技术和几种常用的预应力孔道压浆密实度检测技术，同时阐述了预应力孔道压浆密实度对结构性能的影响和压浆缺陷修补技术。每章中除介绍各种方法的基本原理、仪器设备和方法以外，还给出了具体检测实例。

　　本书的编撰，得到了武汉中岩科技股份有限公司的大力支持。他们为本书提供了大量的应用实例和现场测试数据，并结合丰富的检测测试经验对数据进行了总结分析。

　　由于编写时间仓促，编者理论水平和实践经验有限，书中错误和不妥之处在所难免，恳请读者批评指正。

罗辉

罗辉先生简介：

　　博士，教授，博士生导师。湖北省杰出青年基金获得者，华中科技大学建筑工程系系主任。主持国家自然科学基金、湖北省技术创新重大项目、湖北省科技支撑计划等10余项重要科研课题，先后获省部级科技进步奖5项，发表学术论文50余篇，其中SCI收录近20篇，授权发明专利3项。

目　　录

第1章　预应力孔道压浆施工技术

1.1　引言

随着公路建设的快速发展，后张法在工程中得到了广泛应用，而随之暴露出来的质量问题也越发明显。在预应力混凝土结构中，高应力状态的预应力筋对腐蚀相当敏感，一旦发生腐蚀，其速度将比无应力状态下大大加快，很容易造成预应力筋锈蚀部位断面缺损，导致预应力迅速失效，直接威胁预应力混凝土结构和构件的安全性与耐久性[1]。

孔道压浆是后张法预应力构件非常关键的工序之一。多年来，由于孔道压浆达不到预期效果，压浆后的预应力管道浆体不饱满，密实度差，甚至强度不足，构件投入使用一段时间后出现预应力孔道渗水、预应力孔道附近混凝土碳化程度高，影响结构安全性和耐久性。

高性能的压浆材料是后张法混凝土预应力孔道压浆的基础，而良好的压浆工艺则能够最大限度地发挥压浆材料的性能，是后张法混凝土预应力压浆发挥作用的保证。唯有高性能的压浆材料与良好的压浆工艺相结合才能满足混凝土梁结构对后张法预应力孔道压浆的强度、耐久性以及流动性等性能要求。

目前常用的预应力孔道压浆主要有以下四种工艺[2]：常规压浆方法、改进型常规压浆方法、真空辅助压浆及循环压浆方法。本章介绍四种方法发展概述，各自的特点与缺陷，并对传统压浆和智能压浆之间进行对比和试验比较，从而充分了解传统压浆方法和智能压浆方法的优缺点。

1.2　孔道压浆工艺发展概述

1.2.1　传统压浆工艺发展概述

在20世纪90年代，孔道压浆过程一般采用二次压浆[3]。此时压浆工艺较为烦琐，首先将铁皮套管灌满灰浆并保持一段时间，待灰浆沉淀后进行二次灌浆并挤出第一次压浆沉淀后的清水。采用此种方法需要重复拆装压浆管道数次，耗费时间长，耗人工，同时容易导致管道阻塞，压浆不饱满。交通部第一公路工程局对孔道压浆工艺进行了相应改进，采用一次压灌灰浆方法，简化了孔道压浆过程，提高施工效率。压浆过程为：配置好水泥浆液后，通过2mm孔径筛子，将压浆机接通三通管入口并做成单向阀门，保证灰浆只进不出，压浆机从管道最低点处将浓浆以缓慢而不间断的速度压入孔道内部，两段封锚处流出浓浆后塞住孔道口，提高压浆压力并保持5~10min，挤出管道内部多余水分。采用一次压浆工艺能保证孔道密实的主要原因是孔道密封装置好，压浆压力大，在压力的作用下管内多余的水能够向管壁渗透，因此可以在小跨径的桥梁上应用一次压浆工艺。

但是传统压浆受施工人员影响较大，施工人员会对水泥浆液增加用水量以改善流动性，同时施工停止时间受经验影响较大，没有相对标准的评判方式对其进行规定；预应力孔道一般较长，沿程压力损失大，如何对其进行把控并没有统一标准。此外沁水离析现象也伴随着施工经常出现，容易在孔道内部形成空洞，在预应力结构中遗留隐患[4-7]。

刘其伟等调查了某后张法预应力混凝土桥梁拆除过程中孔道压浆的密实情况，分析了预应力钢筋的腐蚀情况和力学性能变化。指出在密封情况良好的具有注浆缺陷的孔道内部，钢筋的腐蚀程度并没有明显提高，是压浆不密实容易导致预应力筋在孔道内部滑动，影响结构受力体系。因此宜保证孔道内部水泥浆液密实度，以提升工程质量。另外长时间高应力状态下，有低腐蚀程度的预应力钢绞线性能将受到一定程度的减弱。

徐向锋等对后张法预应力混凝土桥梁孔道压浆中的相应情况作了概述，指出了压浆质量检查及补浆措施，介绍了以美国 Comell 大学为代表提出的冲击回波法进行孔道压浆密实度检查，表示冲击回波法对于 T 形梁和工形梁腹板中的孔道具有较好效果，并指出压浆材料和压浆工艺是提升孔道压浆质量的两个方面。

1.2.2　真空辅助压浆工艺发展概述

真空辅助压浆技术在传统压浆技术的前提下，加了真空泵抽技术。在孔道压浆前，先通过真空泵抽技术抽取孔道内部空气，使得孔道内部呈现真空状态，保持真空状态的同时，孔道另一端通过压力机压入孔道注浆材料[8]。由于真空和外部压力泵作用，孔道注浆材料将填充孔道内部真空部分，从负压容器流出。当流出浆体和压入浆体流动特性保持一致时停止真空压浆。真空辅助压浆技术在一定程度上能够解决传统压浆工艺产生的问题，特别是在真空的作用下，真空辅助压浆技术能在结构形式复杂的构件处提升浆液密实程度，但是真空辅助压浆对于设备要求较高，且在高差相差较大时效果不明显，要进行二次压浆。

刘家彬等人对南京长江二桥预应力索塔施工中采用的真空辅助压浆技术进行了分析，提出了采用塑料波纹管进行孔道压浆，并指出塑料波纹管比金属波纹管气密性更好，更适用于真空压浆，其次塑料波纹管的刚度较好，不容易在混凝土振捣过程中产生变形及损坏，同时塑料波纹管不需要考虑钢材锈蚀的问题。

王海榜等对无锡金城大桥预应力连续箱梁采用的真空辅助压浆工艺进行了简述，对真空辅助压浆工艺的工法和相应注意事项进行了说明。乐韩燕等在西堠门大桥上采用了真空辅助压浆技术，验证了真空辅助压浆技术在孔道压浆工程中的可行性。孟国珍等对比分析了真空辅助压浆和传统压浆的施工效果。丁祖奇等对真空辅助压浆质量控制相关技术进行了分析[9]。

徐向锋等指出了合理地布置排气口和正确的施工顺序是排除孔道内空气的重要手段，普通压浆工艺将仍然在国内桥梁中长期使用。

吕贤良等叙述了几个真空压浆常见误区和解决方法。指出了水泥浆的配置是真空压浆的关键，其浆体水灰比应当控制在 0.29~0.35 之间，沁水率应小于 2%；传统的水泥浆搅拌机不能满足真空压浆要求，应当选用高速搅拌机，保证水泥浆液的稠度和流动性；不能采用水泥砂浆封锚，而应该使用密封罩封锚，保证封锚处水泥浆液的密实程度；同时还应该注意排气管道的设置，应当在最高处均设置排气孔道；并强调了施工人员的施工操作过程对孔道压浆影响很大，应严格把控管理。此后真空辅助压浆技术还在各类公路、铁路、梁和盖梁中进行了研究应用。

1.2.3 循环压浆工艺发展概述

循环压浆技术是在传统压浆技术基础上，引入了水泥浆液循环泵送的机理。传统压浆技术一般采用单次压浆方式，自水泥浆液从孔道入口处压入开始，到出口处流出，并达到一定程度后停止，随后封闭孔道出入口。和传统压浆技术不同，循环压浆技术对水泥浆液进行了循环压注，水泥浆液从孔道出口处流出后用管路连接回返浆桶，在此沉底过滤杂质后重新注入离心泵中，进行下一次压浆，因此采用循环压浆技术能够充分节省工程材料用量。同时由于循环压浆的作用，孔道内的空气和杂质会随着水泥浆液被带出孔道，如果循环压浆的时间足够长，那么孔道内部的空气残余将大大减少，以此来保证孔道压浆的质量[10-12]。

循环压浆的相关研究出现较晚，赵锡森等对现有压浆工艺的缺陷作了介绍，主要集中在传统压浆工艺过程难以控制，施工人员操作不甚规范，并对循环压浆工艺进行了详细介绍，给出了一部分循环压浆过程中进出口流量及压力参数，为后续工程实践提供了相应参考。

刘柳奇等根据超长预应力管道压浆的困难性，采用了循环压浆工艺。指出采用智能循环压浆技术能够准确地控制注浆压力和流量，计算机能够自动检测和控制入口压力，以保证入口压强的稳定；其次智能循环压浆自带的制浆机能够保证水泥浆液质量，防止沁水发生，同时远程监控的技术能够实现自动化控制，防止人为因素的影响。

李海涛等通过超声波法、冲击回波法两种无损检测技术和切片试验对循环压浆进行了检测，结果显示采用循环压浆工艺的预应力孔道内部水泥浆液密实程度明显大于传统压浆工艺。

陈彦猛等对长孔道智能循环进行了相关研究，分析了长孔道循环压浆时沿程压力损失情况。孙衍存等对智能张拉和循环压浆工艺进行了施工应用。宫菲菲等在高速公路预制场内进行了循环压浆技术的施工应用。

唐耀祥等介绍了一种真空循环压浆工艺，结合了真空压浆工艺和循环工艺，对孔道内部进行抽取真空操作，然后再采用循环压浆工艺进行孔道压浆施工，并进行了真空辅助压浆、传统压浆、真空循环压浆工艺对比试验，试验表明传统压浆工艺中存在压浆缺陷，真空辅助压浆工艺中存在大量气泡空洞，而真空循环压浆则能保证孔道内部完全密实。

1.3 传统压浆施工技术

1.3.1 常规压浆技术

常规压浆技术采用压浆泵，在孔道压浆前进行以下一系列的准备工作：（1）水泥浆配合比，要根据孔道形式、压浆方法、压浆设备等因素通过试验确定。（2）施工时要冲洗管道后再用空压机吹去孔内积水，其中压缩空气不能含有油污。（3）要注意拌浆时的先后顺序。水泥浆在拌浆机内按照先放水和减水剂后再放水泥，最后放膨胀剂的顺序。拌合时间不能低于2min，拌好的灰浆过筛后存放于储浆桶内。储浆桶要不停地低速搅拌并保持足够的数量以保证每根管道的压浆能一次连续完成。水泥浆自压浆完到压入管道的时间不得超过40min。

之后进行具体的压浆施工工艺：

（1）搅拌水泥浆，使其流动度等性能达到技术要求。

（2）启动压浆泵，当压浆泵输出的浆体无自由水并达到要求稠度时，将压浆泵上的输送管连接到喇叭口的进浆管上，开始压浆。

（3）压浆过程中，压浆泵保持连续工作。当水泥浆从排浆（气）管顺畅排出，且稠度与灌入的浆体相当时，关闭排浆（气）管。关闭排浆（气）管的时候，压浆泵继续工作，直至压力达到0.7MPa，压浆泵停机，持压2min。

（4）在持压2min的过程中，若浆体压力无明显下降，则关闭进浆管。

使用普通波纹管的常规压浆方法在国内桥梁工程相当长的时间内还将广泛应用。如何通过改善压浆材料和压浆工艺改进常规压浆方法，提高注浆质量的研究势在必行。一般认为，灌浆水泥应当具有良好的流动性，能够填满钢束之间及钢束与套管之间的间隙；能够尽快地达到一定的抗压强度及黏结强度；而且还要有足够的抗泌水性，特别是对于高程有变化的管道。通常可以通过使用一种外加剂来获得某种性能，如更好的流动性、触变性、较小的透水性，但是这种外加剂可能会对其他的性能产生不利影响，比如宾夕法尼亚州和德克萨斯州大学所做的水泥浆流动性和标准泌水试验的结果表明，使用高效塑化剂将增加其泌水性。各种外加剂之间是否会相互作用对水泥浆产生不利的影响也是无法预知的。所以尽量少用外加剂而达到最佳的压浆效果是国内外水泥浆研究的方向。对于具有适当新特性的水泥浆，根据其流动性和抗泌水性进行优选，宾夕法尼亚州和德克萨斯州大学选择了三种配合比的水泥浆进行下一步的加速腐蚀试验。试验利用阳极极化作用，在试件上施加电势形成电势梯度驱使氯离子透过水泥浆到达钢束表面加速腐蚀的发生。结果表明，掺入粉煤灰的水泥浆抗腐蚀能力最强，如果添加抗泌水外加剂则降低了水泥浆的抗腐蚀性能。加速腐蚀试验同时证明，低泌水性、加入最少量化学外加剂的水泥浆具有最佳的抗腐蚀性能。对掺入粉煤灰和抗泌水外加剂的两种水泥浆做大比例尺管道试验与标准的水泥浆进行比较，结果表明在新特性试验和加速腐蚀试验中表现良好的这两种水泥浆注入孔道后密实无孔隙。

通过层层试验筛选，宾夕法尼亚州和德克萨斯州大学最后推荐的两种在试验中性能表现最好的水泥浆为：

（1）水灰比0.35，粉煤灰（C级）等质量置换30%的水泥，另加4mL/kg的高效塑化剂。这种水泥浆适用于高抗腐蚀性并且无极度泌水（管道竖向上升小于1m）的情况。

（2）水灰比0.33，加2%的抗泌水外加剂。这种水泥浆适用于高抗泌水性（管道竖直上升高达38m）及良好抗腐蚀性的情况。

1.3.2　改进的常规压浆技术

改进型常规压浆方法主要是通过改善压浆材料和压浆工艺，从而提高压浆密实度和抗腐蚀介质渗透能力。改善压浆材料一般是通过大量水泥浆特性试验、压浆完成后的预应力筋加速腐蚀试验和大比例复杂模拟孔道压浆试验，来寻找合适的水泥浆体的设计配合比，该水泥浆体应具有良好的流动性，一定时间内迅速达到强度要求和良好的抗泌水性能。压浆工艺的改进主要是在此基础上，细化施工中压浆顺序，注意排气孔的位置以及施工中避免出现影响压浆质量的错误举措。

水泥浆是混合液体，必须充满预应力束与管道之间留下的复杂空间。合理地布置排气口，正确的排气和压浆顺序可排除困住的空气，提高灌浆质量，避免在管道内留下孔隙。在孔道最高点及其附近、锚具处、最低点均应设置排气孔或泌水孔。灌浆一般从最低点开始，有多层孔道的则先灌下层再灌上层。从管道灌浆口到出浆口逐个封闭排气口。对于拱顶位置的排气口，要先将其下游的排气口封闭，当稳定的水泥浆从排气口持续喷出并且喷出量大于相邻两个排气口之间的管道体积时封闭该排气口。压浆完成后，灌浆口、出浆口、排气口、阀门等在封闭后不应拆除或打开直至水泥浆凝固。24h之内孔道不能受振以免影响灌浆质量。

美国的宾夕法尼亚州和德克萨斯州大学在改进压浆材料性能方面做了大量研究工作，在优选出上面两种性能良好的水泥浆后，模拟现场条件做了大比例孔道压浆试验；国内东南大学等高校也对曲线孔道灌浆进行过系统的试验研究。试验结果均表明，合理地设置排气口，正确的施工顺序可以提高孔道压浆的质量。

1.4　真空辅助压浆施工技术

1.4.1　工艺原理及特点

真空辅助压浆工艺能够保证预应力孔道灌浆的均匀性，消除水泥浆干硬后的孔隙，从而对预应力筋形成一个密实、不透水的保护层，对预应力筋的防腐蚀保护效果显著，延长了预应力筋特别是在海洋环境下预应力筋的使用寿命，经济效果显著，对于弯形、U形、长束预应力筋、竖向预应力筋更能体现其优越性。真空压浆作为后张法预应力现浇结构施工中的一项新技术，近年来得到了不断应用和推广，在兰临高速公路湾沟特大桥和芦家湾特大桥、舟山桃天门大桥等工程中得到了成功应用，通过对青银高速公路滏阳新河特大桥已灌浆的箱梁进行超声波无损检测后，发现孔道浆体密实度明显优于传统灌浆工艺。真空辅助压浆技术相比普通压浆，克服了普通压浆使预应力孔道内水泥浆体的饱满度和密实度难以达到设计要求的局限性，对预应力筋的工作性能更好地发挥起到进一步维护辅助作用。这对于提高工程质量，杜绝安全隐患，增加经济效益都有重大意义。通过改善孔道压浆的工艺技术，孔道压浆的质量会得到较大程度的提高。现在比较重要的结构物中使用了孔道真空压浆技术和改良的常规压浆方法[13]。

真空辅助压浆工艺是在传统压浆的基础上将金属波纹管改成塑料波纹管，将孔道系统密封，一端用抽真空机将孔道内80%以上的空气抽出，并保证孔道真空度在80%左右，同时压浆端压入水灰比为0.29～0.35的水泥浆。当水泥浆从真空端流出且稠度与压浆端基本相同，再经过特定的排浆（排水及微沫浆）、保压以保证孔道内水泥浆体饱满。真空压浆法需要的设备除了普通压浆法中的灰浆搅拌机、压力泵、压力表等设备以外，还要求有一套真空灌浆组件，包括真空泵、真空表、连接阀门、压力瓶等，如图1-1所示。

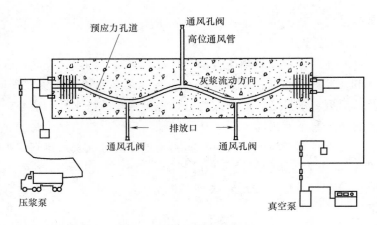

图1-1　真空压浆工作原理图

真空辅助压浆工艺特点：

（1）可以消除普通压浆法引起的气泡。同时，孔道中残留的水珠在接近真空的情况下被汽化，随同空气一起被抽出，增强了浆体的密实度。

（2）消除混在浆体中的气泡。这样就避免了有害水积聚在预应力筋附近的可能性，防止预应力筋的腐蚀。

（3）优良的浆体的设计，使其不会发生析水、干硬收缩等问题。

（4）孔道在真空状态下，减小了由于孔道高低弯曲而使浆体自身形成的压力差，便于浆体充盈整个孔道。对于弯形、U形、竖向预应力筋更能体现其优越性。

1.4.2　工艺流程

真空辅助压浆技术具体工艺流程如图1-2所示。

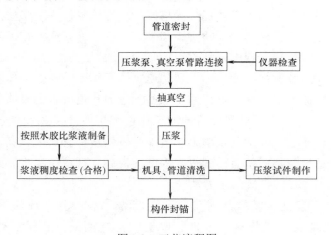

图1-2　工艺流程图

1.4.3　真空辅助压浆工艺的应用

（1）工程概括

在甘肃省某预应力桥梁工程中，为了提高桥梁结构的长期寿命、质量和耐久性，将原孔道普通压浆施工工艺变成真空辅助压浆技术工艺[14]。

（2）真空辅助压浆技术的使用

根据大桥箱梁真空辅助压浆技术施工工艺要求：提前准备和检修好如真空泵、搅拌机和压浆泵等主要机械设备。为保证作业安全，制定施工专项方案，采取相应安全措施。根据相关设计及规范要求，该桥梁的箱梁应在张拉完预应力筋48h内完成压浆施工工艺。

① 准备工作：张拉施工完成后，要保证钢绞线的外露长度大于3cm和大于1.5倍预应力筋直径，超出需要的钢绞线严禁用电焊切，应用砂轮机切；然后用水泥砂浆封锚头和安装密封罩，最后连接真空施工设备，且检查相应密封不漏气和连接牢固；为保证压浆通道通畅，清理和检查锚垫板，确保锚垫板的压浆孔干净和无污染；应严格控制好浆体的配合比和原材料质量，原材料检验合格后，方可使用。

② 试抽真空：为检查整个孔道能达到完全密封条件，应启动真空设备试抽10min左右，当负压力为0.08MPa左右，预应力孔道内的真空度保持不变后，停抽空机械1min左右，若检测孔道的压力降在-0.02MPa范围内，确认孔道真空度能满足施工工艺要求。

③ 搅拌机拌浆：先加少量水保持让拌浆机的搅拌筒内壁充分湿润，然后将根据施工配合比确定的一定用量水，倒入拌浆筒之后边搅拌边放入定量水泥，搅拌时间要符合试验要求；然后将施工配合比确定的外加剂倒入拌筒，再搅拌一段时间，确认拌合料的稠度符合要求，才可放入储浆桶；倒入储浆桶的浆体需不停地搅拌，以确保相应质量指标达标。

④ 压浆工艺：根据箱梁预应力孔道位置，真空压浆作业从下而上进行，当真空设备让孔道的压力达到负0.08MPa时方可将浆体压入管道；观察输浆管道若无剧烈振动或局部膨胀等异常现象，应按照制定的试验方案施工，正常速度压入，一般工作压力控制在2.5MPa以内。若出现压力过大现象，为保证安全和质量，应立即停止作业，分析原因和采取措施处理；压出的废浆液不得污染环境，采取措施集中统一处理；管道内浆体终凝后，应及时拆除和清理及维修盖帽和阀门等设施；及时做好试验检测工作，防止关键指标不达标，造成梁板不合格等质量事故。

⑤ 真空压浆注意事项：当现场环境温度较高，如夏天气温超过35℃时，真空压浆工作一般在夜间施工；在较寒冷的季节，压浆后2d内及压浆过程中，现场的环境温度计结构温度必须在5℃以上，否则应按设计要求采取保温措施处理，但不得采取在浆体内掺用防冻剂的保温措施；压浆工艺完成以后，如果环境温度低于5℃时，应及时采取措施让浆体保温养护。

⑥ 压浆完成后的注意事项：当压浆工艺完成，试验检测合格可以开展下一步工作，应采取措施对锚固端进行防腐处理和封闭保护，对需要封锚的锚具，封锚前应凿毛梁端混凝土并冲洗干净，封锚混凝土应采用同结构强度或高一强度等级的混凝土；未吊装需一段时间外露的预应力梁板，应防止锈蚀锚具。

（3）无损检测结果

通过无损检测和试验室成果比较。试验结果见表1-1。

① 从相关设计数据得知，2座桥梁的预应力孔道设计为C50混凝土。相关检测数据得知，两种施工工艺下的抗压强度都达到设计的强度要求，质量都符合设计要求。但相对来说，真空辅助压浆技术下的桥梁抗压强度更高。主要原因是：由于水泥浆体和施工工艺及优化，孔道浆体的空隙减小，压浆过程的浆体离析降低和干硬收缩也较低。浆体的密实度

无损检测试验结果 表1-1

工艺	充盈度（%）	28d抗压强度（MPa）
真空压浆施工工艺	97以上	66.5
普通压浆施工工艺	92以上	58.1

提高，所以抗压强度也提高。

② 从充盈度等浆体饱和指标来看，真空辅助压浆工艺的充盈度明显高于普通施工工艺的孔道压浆的充盈度，主要原因是：由于压浆过程中孔道在真空条件下有较好的密封性，使浆体能充分地充满、压满孔道；浆体中的稀浆和微沫在真空负压下率先进入负压容器，待稠浆流出后，剩余孔道中浆体稠度即能比较均匀，强度和密实性比较均匀和稳定；在孔道内和压浆泵间正负压力差条件下，混夹在水泥浆中气泡和自由水被排除，孔道中原有的气体和水也被清除排除，所以提高了预应力孔道内浆体的密实度和饱满度。

（4）结论

从相关试验数据得知：采用真空辅助压浆技术工艺比传统压浆施工工艺可以提高后张法梁板的孔道浆体的密实度。真空辅助压浆技术工艺的压浆充盈度都能大于97%，普通压浆工艺中存在的气泡造成的孔洞、强度偏低、浆体不均匀、密实度不高等质量缺陷问题，真空压浆工艺可以很好地解决。解决了相应质量缺陷问题，从而确保预应力筋保护层密实和不透水，从而提高了桥梁结构的使用寿命和耐久性。因此在预应力混凝土结构中应用真空辅助压浆技术将提高桥梁的质量和长期寿命及耐久性。

1.5 循环压浆施工技术

1.5.1 工艺原理及特点

（1）工艺原理（图1-3）

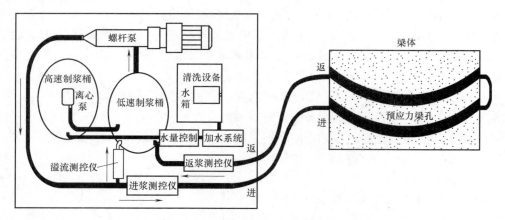

图1-3 循环压浆工艺原理

大智能压浆系统是由主机、测控系统、循环压浆系统共同构成。浆液通过持续循环进而排除由预应力管道、制浆机、压浆泵组成的回路内的空气，消除发生压浆不密实的可能原因。在管道进、出浆口分别对应给系统主机，供其进行分析判断，根据主机命令具体内容，测控系统对压力与流量进行计算整理。在施工技术规范要求下，确保预应力管道完成压浆过程，同时确保压浆饱满和密实。进、出浆口压力差是否恒定是判断主机管道是否充盈的重要依据。智能压浆技术采用的是现代计算机技术，对整个工程项目建设中的压浆过程进行管控，并且采用浆液循环模式将管道中的杂质和空气有效排除，整个过程无须人工开泵、人工手动补压，施工过程中的压浆工艺实现了智能化，还具有浆液满管路持续循环排除管道内空气、能够准确控制压力和调节流量，准确控制水胶比，一次压注双孔，提高工效，实现高速制浆，规范搅拌时间，监测压浆过程，实现远程管理，系统集成度高，简单适用等特点与功能，能够保证压浆饱满密实，有效提升建筑结构耐久性。从应用效果来看，智能压浆技术和产品具有经济实用性强、操作轻便灵活以及操作简单等特点，可实现多种专用配件任意组合应用，不仅可以有效满足基本的工程建设压浆施工作业需求，而且还可以搭配先进的技术配件完成一些精确要求、施工质量要求较高的任务。智能压浆能够有效避免预应力筋受锈蚀，加强桥梁结构耐久性。在桥梁建设施工的过程中，预应力筋一般通过水泥浆和混凝土混合而成，是完整的不可分割的整体，预应力筋能够提高使锚固的可靠性，进而提高桥梁结构物的抗裂性能和承载能力。智能压浆能够极大提升孔道压浆密实度，保证梁体中的钢铁与钢绞线不易锈蚀，能有效提高预应力结构的耐久性，提升建筑工程的质量，是该领域最先进的施工工艺。在施工过程中，预应力管道压浆不密实、达不到标准，将会严重影响整个桥梁建设的质量和耐久性。而在施工中运用智能压浆系统，就能够成功地解决此类问题。

（2）循环压浆的技术特点

① 浆液满管路持续循环排除管道内空气

管道内浆液从出浆口导流至储浆桶，再从进浆口泵入管道，形成大循环回路。浆液在管道内持续循环，通过调整压力和流量，将管道内空气通过出浆口和钢绞线丝间空隙完全排出，还可带出孔道内残留杂质。

② 精确控制压力，调节流量

精准调节和保持灌浆压力，自动实测管道压力损失，以出浆口满足规范最低压力值来设置灌浆压力值，保证沿途压力损失后管道内仍满足规范要求的最低压力值。关闭出浆口后长时间内保持不低于0.5MPa的压力。当进、出浆口压力差保持稳定后，可判定管道充盈情况。通过进出口调节阀对流量和压力大小进行调整。

③ 准确控制水胶比

按施工配合比数量自动加水，准确控制加水量，从而保证水胶比符合要求（《公里桥涵施工技术规范》7.9.3条规定"浆液水胶比宜为0.26~0.28"）。

④ 一次压注双孔，提高工效

对于跨径50m内的预制梁，单孔长度小于70m的预应力管道均可双孔同时压浆，如图1-3所示管道连接方式，从位置较低的一孔压入，从位置较高的一孔压出回流至储浆桶，节约劳动力，提高工效。

⑤ 实现高速制浆，提高浆液质量

系统采用高速制浆机，将水泥、压浆剂和水进行高速搅拌，其转速为1420r/min，叶片线速度大于10m/s，能完全满足规范要求。

⑥ 规范压浆过程，实现远程监控

灌浆过程由计算机程序控制，不受人为因素影响，准确计量加水量，实时监测灌浆压力、稳压时间、浆液温度、环境温度各个指标，自动记录，并打印报表。无线传输将数据实时反馈至相关部门，实现预应力管道压浆的远程监控。

⑦ 系统集成度高，简单适用

循环系统将高速制浆机、储浆桶、进浆测控仪、返浆测控仪、压浆泵集成于一体，现场使用只需将进浆管、返浆管与预应力管道对接，即可进行压浆施工。操作十分简单，适用于各种结构的管道压浆。

1.5.2　工艺流程

循环压浆施工流程如图1-4所示。

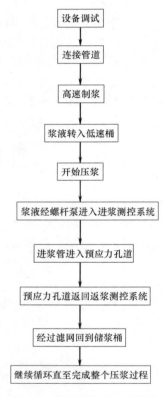

图1-4　循环压浆施工流程图

1.5.3　智能压浆系统工艺的应用

（1）智能压浆技术在桥梁建设中的运用步骤[15-19]

① 检查设备录入注浆参数。使用智能压浆技术进行桥梁建设工作的第一步是检查设备是否处于完好状态，这一步是后续工作能够正常进行的基础。如发现连接有不完整情况，需要马上进行休整，确保在进浆管连接到注浆嘴、返浆管连接到出浆嘴，确认连接完整之后，施工人员需要根据先前计算得到的数据结果，在主机上输入各孔的注浆参数。

② 准备水泥浆。智能制浆采用高速搅拌机，制浆之前，需要严格按配合比对原材料

进行称量制浆材料，其误差必须控制在±1.0%以内，拌合机启动先放入水，然后放入水泥和外加剂，使混合料在拌合机内高速搅拌2min以上，以使水泥浆均匀，务必保证浆液流动性、泌水率、水胶比均符合技术规范的要求，只有如此，才能保证浆液的质量，以及后续工序的顺利进行。

③ 一键完成智能注浆。将规范要求下计算好的数据输入主机程序，也可调用存储好的参数，根据将要注浆的孔道编号一键启动注浆程序，随即注浆系统自动开始注浆。当进、出浆口压力稳定后，施工人员需要进一步判断管道充盈程度，随后进行实时监测：保证管道内浆液体积与充盈程度；对测定的压力、流量的情况实时进行调整，保证各项指标达到规范要求。随后设备将自动生成注浆质检报告，提示注浆完成。

（2）智能压浆系统在桥梁建设中的作用效果

① 浆液能够实现持续循环，可完全排除管内空气及其他杂质。管道内浆液从出浆口流至储浆桶，随后从进浆口进入管道，形成的循环回路使得浆液在管道内能够持续循环，在这种循环之下，智能压浆技术通过调整压力和流量，使得管道内空气和杂质通过出浆口和钢绞线丝间空隙全部排出。

② 准确调整压力实现流量调节。智能压浆技术，能够完成实时自动测量，并根据测量标准自动调整管道压力，保证管内压力损失后，管道内最低压力值依然能达到基本要求。智能压浆技术能够保证在稳压期间补充浆液持续进入孔道，优化压浆效果，提高压浆密实度。施工人员可以通过进、出浆口位置的压力差衡量管道的充盈程度；通过进出口调节阀对流量和压力大小及时进行调整。

③ 准确控制水胶比例。压浆过程中，计算机控制能够保证控制的精准度，保证按施工要求的勾兑比例自动加水，科学地调整加水量，确保水胶比符合要求，一般情况而言，浆液水胶比一般在 0.26 ~ 0.28 的范围内浮动。

④ 同时压注双孔。一次能够对两个孔压注，能够有效地减少工作时间，同时提高工作效率。在整个压浆过程中，智能压浆技术实现了双孔同时压浆作业，把浆液从位置较低的孔压入，再从位置较高的孔压出，导流回到储浆桶，不仅降低了劳动成本，还缩短了压浆工作的时间，提高了工程效率与质量。

⑤ 快速制浆。一般在规定中，压浆技术要求"搅拌机的转速应不低于1000r/min，其叶片的线速度不宜小于10m/s"。智能压浆技术能够实现这一指标，智能压浆系统可以完成高速搅拌，旋转速度可达到1420r/min，叶片线速度达到10m/s以上，能够满足压浆技术的要求规范，并且更高速完成制浆过程。

⑥ 规避人为影响与环境影响。智能压浆技术整个压浆过程由计算机控制，人为影响无法发挥作用，系统能够准确监测浆液和环境温度、灌浆压力及稳压时间等。并且在网络环境之下，完成传输实现数据共享，有利于相关工作人员操作以及使用。

（3）结论

在桥梁建设过程中，采用智能压浆系统能够收到良好的施工效果，并且能够填补传统施工中存在的许多漏洞，有利于提高桥梁结构的安全度、耐久度与稳定性，为桥梁施工建立有效的预应力体系。与此同时，智能压浆还能够达成对预应力钢绞线保护的目标，使钢绞线不会被锈蚀，有效减少预应力的损失，整体提高桥梁结构的抗弯刚度，从而确保桥梁结构的承载能力符合桥梁建设的全部要求，进一步提高预应力桥梁结构的耐久性和安全水平，值得未来在实际工作过程中逐步推广、发展以及运用。然而，智能压浆施工效果提高还依靠施工经验的总结分析和研究，今后在施工过程中，更应该重视对相关经验的总结分析，进而逐步提高施工水平，确保智能压浆技术在桥梁建设中能有更全面的发挥。

1.6 压浆方法之间的比较与对比试验

1.6.1 三种压浆方法之间的比较

（1）普通压浆

普通压浆工艺较为简单，过程亦不规范，主要存在如下问题：

① 封锚及锚垫板安装不规范。封锚需将锚具、夹片、钢绞线之间的缝隙完全封闭，而现场封锚质量参差不齐，往往达不到密封要求，压浆过程中该位置出现漏浆而导致压力损失，最终致孔道内压浆不密实。锚垫板上的排气口应在最顶端，而实际安装过程中往往对此未引起足够注意，安装锚垫板时排气口位于底端，而将进浆口安装在顶端，将导致锚固位置的浆液无法压密实。

② 流动度不可控。根据规范要求，当出浆口流出相同流动度的浆液后方可停止压浆，事实上在现场往往没有进行此项工作，而且压浆的速度较快，从收集出浆口的浆液到流动度试验做完的持续时间过长，而灌浆不能中断，此过程导致的浆液损失量较大。因此此项工作现场往往被忽略。

③ 稳压时间不足。浆液在被压入管道内处于加压状况下有个初始沉淀凝结时间，在此时间段内如果卸除压力（如打开阀门），浆液将从管道口溢出，传统的压浆工艺稳压时间的控制往往较随意，由操作工人感官控制，不能完全按照规范要求执行，而大多数情况下为加快压浆进度而减少稳压时间，导致进、出浆口的浆液流出，进而锚固位置不密实。

④ 对压入管道内的浆液不能准确计量。每条预应力管道的体积是一定的，传统压浆方式无法做到对管道内压入浆体的数量进行准确计量，从而无法估算管道内浆液的充盈度。当管道内混有空气时，不能通过累计的灌浆量进行判断识别。

⑤ 压浆过程中水灰比不可控。压浆过程中现场工人为增加浆液的流动性往往采取多加水的方式，即实际的压浆浆液与试验的浆液技术参数有差别，而普通压浆工艺过程中不能进行实时监控与识别，将水灰比不符要求的浆液压入管道内，导致泌水率过大，在孔道内极易形成引发钢绞线锈蚀的环境。

（2）真空辅助压浆

较之普通压浆工艺，真空辅助压浆对灌浆质量提高效果明显，但仍存在以下问题尚未完全解决：

① 封锚不严实导致采用真空机进行抽真空时有空气泄漏入管道，难以达到-0.06~-0.10MPa真空度要求。

② 当管道的两端高差较大时，真空辅助压浆的效果甚至要差于普通压浆工艺的效果，即孔道的最高点的顶部可能会出现空洞。

③ 在孔道有倾角时，在倾角处浆液会产生先流现象（事实上为适应力的效应管道弯曲不可避免，倾角难免会存在）。

④ 管理缺陷：施工现场对压浆施工的管理往往比较忽视，通常制浆时由工人控制加多少水、料，而往往为了提高流动度，水的用量大幅度失控，另外对压浆数据的记录往往不真实，数据不可靠，而压浆施工实际是隐蔽工程，压浆施工完成以后并没有快捷而经济的方法进行质量检测（基于应力波反射法等原理的检测仪器的精准度不佳且费用不低，不能进行普遍的检测），因此，唯一可查的数据只有压浆记录表，但其可靠性却不高，因此如何让质量管理人员加强对过程的监管十分必要。

（3）循环压浆

采用大循环智能压浆工艺，浆液持续进出循环，可有效排空管内空气。实时进行管内压力控制，流量校核，以确保压入管道内浆液的充盈度。对注入的浆液水胶比质量实时监测。

① 在注浆管路内，浆液持续进行循环，使得压浆密实度显著提升。注浆作业中，浓浆流出孔道出口时，将其回流至储浆桶后再注入管内，从而形成一个循环回路系统。浆液在循环系统中的持续流动，在排出管内空气的同时，还可将管内杂质带出，从而显著提升压浆的密实度。

② 监测浆液水胶比。按照规范要求，浆液水胶比应为 0.26～0.28。在搅拌过程中，不间断地进行浆液水胶比检测，只有在合格范围内的浆液才能自动排入储浆桶，以保证浆液水胶比和均匀性。

③ 能够精确调节灌浆压力，以确保注浆充盈度。在注浆过程中，对管内施加持续恒定的压力（一般控制在0.5～0.7MPa）可有效确保注浆效果。通过在浆液进、出口处安装测试仪实时监测管内压力，根据取得的实时数据精准控制和调节压浆泵压力，以保证要求的注浆压力。注浆结束后，关闭出浆口后保持一个不小于0.5MPa的稳压期，稳压期时间控制在3～5min为宜。

④ 真实记录压浆全过程。计算机程序控制完成压浆全过程，将人为操作、环境等影响施工质量的因素有效避免。还能实时记录和打印浆液监测、灌浆压力、稳压时间、流量及充盈度等各项指标，实现永久追溯。

1.6.2 传统压浆与智能压浆对比试验

（1）试验设计

循环智能压浆和传统压浆对比试验在同一块预制箱梁上进行，主要对比项目为压浆密实度。预制箱梁跨度为25m，共设置8个孔道，其中腹板6个孔道，底板2个孔道，如图1-5所示[20]。

1号、2号、3号、4号孔道采用循环智能压浆设备压浆，5号、6号、7号、8号孔道采用传统压浆设备压浆。浆液水胶比均为0.28，压浆及稳压压力均为0.7MPa，稳压时间为4min。

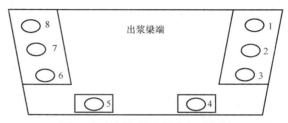

图1-5 预制箱梁孔道分布示意图

循环智能压浆与传统压浆对比试验重点比较压浆密实度。待压浆完成7d后首先采用无损检测手段检查孔道压浆密实度，然后采用专业绳锯将预制梁切开，观察断面是否存在空洞，同时与无损检测结果对比，验证无损检测方法在预制梁压浆密实度检测中的适用性。

本书中采用的无损检测方法有两种，分别为超声波法与冲击回波法。其中，超声波检测法是利用超声波在被检材料中的响应关系来检测空洞、裂纹等缺陷及厚度的一种检测方法。冲击回波法是基于瞬时应力波的原理，利用小钢球敲击混凝土表面产生的短暂机械波冲击来发生低频应力波，传至结构内部，遇到缺陷或者外表面时被反射。来自冲击面、缺陷及其他表面间的多重反射会产生瞬间共振，以此测定结构的完整性或缺陷的位置，记录下来的信号（时间-频率曲线）可以提供有关缺陷存在及其位置的进一步信息。

（2）试验过程

从试验过程中看，与循环智能压浆比较，传统压浆方法存在以下问题：

① 压浆用浆液的水胶比不可控，施工现场往往为改善流动性而肆意增加用水量，可能导致泌水量过大形成空洞。

② 对压入管道内的浆液数量不能准确计量。

③ 封锚不密实，锚头渗水漏气，真空压浆时未能形成规定要求的负压。

④ 灌浆压力不可控。压浆施工现场灌浆压力施加随意，单缸活塞泵压力波动很大，未能在全管路形成有效压力，因此仅靠浆液自流不能保证密实。

⑤ 采用真空辅助压浆，当管道的两端高差较大时，真空压浆的效果甚至要差于普通压浆工艺的效果，即孔道的最高点的顶部可能会出现空洞，且在孔道有倾角时，在倾角处浆液会产生先流现象。然而，为满足预应力效应在不同位置的适当分布，管道倾斜是不可避免的。

⑥ 压浆记录混乱、可信度低，真实的压浆质量难以掌握。

⑦ 压浆设备集成化、自动化程度不高，压浆现场较混乱。

（3）试验结果分析

采用超声波、冲击回波两种无损检测手段对循环智能压浆与传统压浆密实度进行检测，检测结果见表1-2、表1-3。

从无损检测结果来看：

① 循环智能压浆密实度明显大于传统压浆密实度。

在检测的4个孔道中，循环智能压浆除个别进、出浆端头段外，基本密实、无空洞；而传统压浆密实度无损检测结果表明几乎每个孔道都存在不同程度的空洞与不密实。

循环智能压浆密实度无损测结果 表1-2

孔道	超声波检测	冲击回波检测
1号	密实、无空洞	距出浆端头0.65~0.8m段有小空洞
2号	密实、无空洞	密实、无空洞
3号	密实、无空洞	密实、无空洞
4号	距进浆端头0~0.2m段有小空洞	密实、无空洞

传统压浆密实度无损检测结果 表1-3

孔道	超声波检测	冲击回波检测
5号	密实、无空洞	距进浆端头0~0.1m段有小空洞
6号	距进浆端头2.3~3.1m段有小空洞;距出浆端头0~0.55m段有大空洞	距进浆端头1.9~2.1m、2.4~2.5m段有小空洞;距出浆端头0~0.6m段有大空洞
7号	距出浆端头0~2.25m段有小空洞	距出浆端头0~2.1m段有小空洞
8号	距进浆端头8.6~8.9m段、距出浆端头0~3.5m段有小空洞	距进浆端头1.8~1.9m、8.5~8.7m段有大空洞;距出浆端头0~0.35m段、1.4~1.6m段有小空洞

② 超声波与冲击回波检测结果趋于一致。

采用循环智能压浆技术的4个孔道中,1号孔道采用冲击回波法测得其存在0.15m长度范围的小空洞,而超声波法检测无空洞;4号孔道采用超声波法测得其存在0.2m长度范围的小空洞,而冲击回波法检测无空洞。除这两段外,1号、4号孔道其余段以及2号、3号孔道的两种无损检测结果完全一致。

同样,采用传统压浆技术的4个孔道中,密实度检测结果基本一致,仅个别小范围段检测结果存在差异,但差异不大。

为了验证循环智能压浆技术的压浆效果以及无损检测的准确性,本书对试验梁进行了切片观测。根据无损检测结果及波纹管弯点位置确定9处切片断面,依次为距进浆端头0.3m、1.2m、1.9m、6.5m、8.8m,梁跨中以及距出浆端头9.7m、1.85m、0.3m,如图1-6所示。

图1-6 切梁绳锯与切片断面

循环智能压浆孔道切片断面如图1-7所示,基本上压浆饱满、密实,未发现明显空洞,达到了保护钢绞线的目的,说明循环智能压浆效果良好、技术可行。

传统压浆与循环智能压浆效果形成鲜明对比,观察切面发现存在多处空洞(图1-8),钢绞线暴露,说明传统压浆效果不佳。

对比发现,两种无损检测结果与断面观测结果基本一致,个别断面出现错检、漏检。经过分析可能有以下原因:

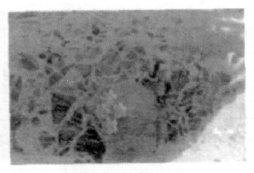

图1-7　循环智能压浆孔道切片断面

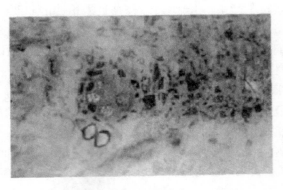

图1-8　8号孔道距出浆端头0.3m断面

超声波检测仪无法准确地沿孔道走向检测，可能会把梁板混凝土内的一些气泡当作孔道内的；冲击回波检测仪可能会把钢绞线张拉后束与束之间或单束钢丝之间的空隙导致的声波传递变化当作缺陷。

因此，基于无损检测手段对结构无损害、方便快捷、检测效果良好的特点，预制梁孔道压浆密实度检测时应优先选用超声波、冲击回波等无损检测手段互相结合、互相补充的检测方法。

（4）压浆质量主要影响因素

经过本次试验，影响压浆质量的主要因素有孔道清洁、浆液水胶比、压浆及稳压压力、稳压时间、阀门管拆除时间[21]。

① 孔道清洁

根据《公路桥涵施工技术规范》JTG/T F50—2011，压浆前应对孔道用水进行清洗，并用压缩空气将积水吹出，以清除杂物、湿润管壁。

实际操作中易出现两种情况：只用空压机清孔；用水冲孔后未将积水吹出，后用浆液将水挤出，可能引起浆液水胶比变化。

② 浆液水胶比

根据《公路桥涵施工技术规范》，浆液水胶比在0.26～0.28之间，超过0.28后浆液流动性好但必然会产生泌水。本次试验和施工单位日常生产均按0.28配制。实际操作中虽然要求浆液搅拌桶在每日压浆前后均要清洗干净，但实际上不可能完全做到，会有小部分干压浆料粘壁没有拌合均匀的现象。因此建议浆液水胶比按 0.27 配制更加稳妥。

③ 压浆及稳压压力

根据《公路桥涵施工技术规范》，压浆及稳压压力为 0.5 ~ 0.7MPa；对超长孔道，最大压力不宜超过 1MPa。压力过大会破坏梁体锚固端，压力波幅过大不利于水和空气排出，建议采用螺杆泵进行压浆。因此智能压浆设备应具有压力实时检测系统，检测时间间隔不应超过 1s，压浆报告也应有稳压期间压力波动图直观反映压力控制情况。

④ 稳压时间

根据《公路桥涵施工技术规范》，稳压时间宜为 3~5min。在实施时发现稳压 20min 后，在较长时间内仍有微量泌水。本试验稳压时间为 4min，稳压结束后现场观测仍有少量泌水，而且孔道口浆液凝固体长时间稳压后没有饱满。孔道浆液泌水越多越密实，但考虑到已制备浆液的凝固时间和兼顾效率，建议预制箱梁稳压时间应不少于 10min，现浇箱梁稳压时间应不少于 15min。如浆液制备不多、浪费较少的情况下稳压时间还可适当延长。

⑤ 阀门管拆除时间

稳压结束、孔道两端阀门管关闭后，孔道内还有一定的压力需要时间释放，建议在 30min 后缓慢打开阀门。如有较多浆液流出应立即关闭阀门，间隔 15min 再缓慢打开阀门。如无明显浆液流出方可拆除阀门管。

（5）结论

① 循环智能压浆密实度明显大于传统压浆密实度，使用循环智能压浆技术能够更好地保护钢绞线；

② 超声波、冲击回波等无损检测手段检测压浆密实度较为准确，在预制梁孔道压浆密实度检测时应优先选用超声波、冲击回波等无损检测手段互相结合、互相补充的检测方法。

③ 通过试验，认为影响压浆质量的主要因素有孔道清洁、浆液水胶比、压浆及稳压压力、稳压时间及阀门管拆除时间。

第2章　预应力孔道压浆密实度对结构性能的影响

2.1　引言

预应力混凝土桥梁由于施加预应力使得在建造方面节省了大量材料，减小了结构重量，使结构轻型化，具有良好的受力性能，能够适应大跨度的发展，同时也可有效避免混凝土结构开裂，在建设中应用广泛。预应力混凝土桥梁在高速公路、铁路中较普遍，尤其是近年来高铁项目的发展，使得大、中跨径的桥梁数量急剧增加。

预应力混凝土桥梁结构中的预应力筋是结构中的主要受力单元，其中孔道压浆是预应力梁中的关键工序，其质量的好坏，也即孔道灌浆密实度或充盈度的高与低在很大程度上决定了预应力混凝土桥梁的承载力、安全性和耐久性。总体而言，预应力孔道压浆在桥梁预应力混凝土结构中的作用主要体现在以下三方面：（1）防止预应力筋锈蚀，预应力筋在高预应力状态下发生锈蚀的概率约是普通状态下的六倍，在孔道中注浆其耐久性有保障；（2）提高构件的整体性，在孔道中注浆，可以使得在包裹预应力筋的同时接触孔道侧壁，进而使预应力筋和孔道侧壁因黏结而与周围混凝土构件形成一个整体，通过共同作用来增强锚固效果，最终提高预应力混凝土构件的抗裂性和承载能力；（3）保证预应力筋和混凝土构件之间应力有效传递，防止工作锚具等疲劳损坏。

由上述可知，预应力混凝土桥梁的孔道压浆质量是确保施工质量达到设计要求的重要环节之一，直接影响着预应力筋能否充分发挥作用。然而，在实际工程中，现有的施工工艺或多或少存在局限性和施工人员的操作不当，从而导致预应力混凝土桥梁的孔道压浆质量存在诸多缺陷。如若灌浆密实度或充盈度不高，水和空气便会趁机进入，使得处于高度预压状态的钢绞线等预应力筋容易发生锈蚀，进而造成有效应力降低，不满足设计要求。严重时，还会引发钢绞线断裂破坏，从而缩短桥梁的使用寿命。此外，孔道压浆质量缺陷还会导致混凝土构件因发生应力集中现象而破坏，改变混凝土构件的受力状态，最终造成重大安全事故。

通过对各类桥梁事故进行调查，"短命"桥梁的屡次出现，除了外部因素如环境、车辆超载、车辆轴重增加外，都或多或少存在预应力孔道压浆不密实，预应力筋失去保护体系发生锈蚀，即存在预应力孔道压浆质量不合格等施工质量通病，进而导致预应力失效。随着时间的不断推移，梁体发生裂缝和下挠，继而发生结构性破坏，最终酿成坍塌事故。近些年来，预应力混凝土桥梁中孔道压浆存在的缺陷病害问题逐渐引起诸多交通部门的高度重视，同时预应力混凝土桥梁的耐久性和安全性问题也越发引起大家的关注。

2.2　预应力孔道压浆缺陷导致的危害

在整个后张法预应力混凝土结构体系中，孔道压浆是其施工中的关键工序之一。孔道压浆质量好坏直接决定了预应力混凝土桥梁的安全性、承载力及耐久性。实际工程施工中，造成预应力孔道压浆的质量缺陷现象的因素有很多：施工人员的技术不成熟、水泥浆的稠度指标和膨胀率控制不好、压浆过程中封堵不严实、孔道堵塞、灌浆浆体的泌水率和流动度未达到规范设计要求等。如图2-1所示，孔道压浆的质量缺陷将在一定程度上降低预应力混凝土构件桥梁的使用寿命，影响结构的正常使用和耐久性能，严重还可能威胁整个桥梁的安全，发生重大事故。

图2-1　孔道压浆质量缺陷导致预应力筋锈蚀

后张法预应力混凝土结构中，孔道压浆存在的常见质量缺陷主要有以下四个方面：(1) 孔道压浆的水泥砂浆强度偏低。主要原因在于灌浆材料的配合比不当，以至于水泥砂浆抗压强度低于规范设计要求。(2) 漏灌浆。主要因为压浆前准备不足，或简单将锚具缝隙封闭起来，致使整个管道系统可能出现密封不严导致压浆时出现跑浆现象，且后张法预应力混凝土梁孔道压浆实际是隐蔽工程，灌浆是否完成，无法像混凝土表面裂缝那样直观体现，进而致使孔道内压浆质量情况不明，如图2-2所示。(3) 孔道出现堵塞现象。这种现象主要出现在用抽拔橡胶管成孔道的形式中，因其抽拔管时间过早、抽拔操作不当，使得孔道壁混凝土发生脱落现象，进而造成孔道局部堵塞，从而水泥浆压不过去。对于波纹管成孔道形式中，一方面，浇筑梁体混凝土的过程中振捣器将压浆管碰坏，使混凝土漏入波纹管道内造成堵管；另一方面，波纹管可能被施工人员踩压变形或被振捣器振变形，以及孔道内有异物等，致使孔道堵塞无法正常灌浆。(4) 灌浆后发生沿孔道方向的裂缝。主要是因为灌浆材料的水灰比或泌水率过大，在冬期施工中未保证预应力混凝土梁体温度，以致孔道内水泥浆冻胀后发生梁体裂缝，同时灌浆材料中若掺入过多膨胀剂也会导致

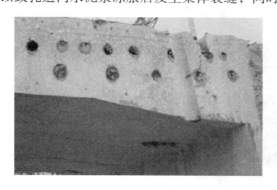

图2-2　某混凝土桥预应力孔道压浆不密实

孔道方向梁体混凝土开裂。

预应力孔道压浆质量对桥梁的影响主要有三个方面：（1）安全性影响。管道压浆缺损将导致预应力钢束与混凝土间的黏结力降低，协同工作能力丧失，受力性能向无黏结预应力混凝土构件变化，这对于按有黏结预应力设计时普通钢筋较少的桥梁危害较大。（2）适用性影响。孔道灌浆缺损对结构适用性影响较小，一方面由于其无法直观检查，其破损程度无法直观体现；另一方面，孔道灌浆缺损对结构刚度及动力特性的影响也不大。（3）耐久性影响。预应力孔道灌浆的密实性关系到预应力钢束使用寿命，特别是锚固区和联结点周围的密实性。很多工程实际情况表明，锈蚀一般都发生在这些部位。预应力钢束没有被灌浆的部分危害较大。因此预应力混凝土构件孔道灌浆缺损对结构耐久性的影响不可忽视[22]。

20世纪50年代，我国在修建大量小跨径钢筋混凝土梁桥的同时，开始对预应力混凝土梁桥进行试验研究，于1956年在公路上建成了第一座跨径20m的预应力混凝土简支梁桥。随后，预应力混凝土简支梁桥在公路上广泛应用。自20世纪90年代以来，我国新建的众多预应力混凝土桥梁中，经过20多年的运营，部分桥梁出现不少问题。例如，1995年广东海印大桥的一根斜拉索发生锈蚀断裂。2001年四川宜宾金沙江拱桥因吊杆锈蚀导致部分桥面垮塌。2004年辽宁盘锦田庄台大桥因梁的悬臂端突发断裂，造成桥板脱落等严重垮塌事故。2005年湖北钟祥汉江大桥仅投入使用10年，因考虑安全性被迫拆除，远低于其设计50年寿命。2011年运营仅14年的杭州钱江三桥引桥发生坍塌事故[23]。在事故的调查中发现，该类桥发生质量缺陷的共同原因都存在预应力孔道压浆不密实，无法有效保护预应力钢筋，进而导致桥梁耐久性不足而发生事故。通过近几年的调查资料证明，我国于20世纪80年代中期至90年代中期兴建的一批预应力混凝土梁桥，压浆不密实是一个普遍存在的现象，个别桥梁该问题还十分突出，通过对破坏的预制梁的孔道部位进行破损检查发现大多数预制梁的预应力孔道存在空洞、预应力筋锈蚀现象[24]，如图2-3所示。

图2-3　孔道压浆质量缺陷导致预应力筋锈蚀

建于1957年的美国康涅狄格州的Bissell大桥，因孔道压浆不密实，导致桥梁的安全度下降，在使用了35年后不得不炸毁重建；1967年英国汉普郡一座人行天桥因钢束锈蚀发生倒塌事故；1985年12月位于英国南威尔士的Ynys-Gwas预应力混凝土大桥发生了突然倒塌事故。桥梁倒塌正是由于波纹管内灌浆不密实，这就给氯化物、水分以及氧气侵蚀预应力钢绞线提供了条件，某些截面钢束锈蚀严重，当钢束截面减小到无法承受外加荷载时桥梁突然倒塌。1992年比利时Malle桥，因预应力管道压浆存在大量空洞，导致氯化物等入侵腐蚀钢绞线，进而引发倒塌事故。1996年，在伦敦召开的后张法预应力混凝土结构会议上，一份重要报告阐述了英国公路局领导Alan Pickett的一段话："经检查发现，80%的后张法预应力混凝土桥梁都有缺陷，30%的桥梁在预应力孔道内有空洞，其中1/3呈现不同程度锈蚀，但并非通过检查即可发现其具有立刻倒塌的危险性……"。另外，美国从地震垮塌的后张预应力桥梁构件上截取若干断面解剖测试，发现后张预应力结构因孔道压浆不密实而造成的预应力筋锈蚀、断面锐减、断丝及应力损失严重等致命的质量问题，为此曾一度禁止后张预应力结构的应用[25-28]。

2.3　预应力孔道压浆密实度对结构性能影响试验研究

2.3.1　预应力孔道压浆缺陷对小梁承载力影响试验

（1）试验概述

小梁试验是探究分析梁体力学性能的重要试验方法之一，也是最为直接有效的手段。本节利用预应力小梁承载力试验，以密实压浆作为标准，分别选取无压浆、半幅无压浆、中间一半无压浆、中间1/3无压浆、中间1/6无压浆等9种不同的压浆类型进行了对比分析，如表2-1所示。以小梁跨中挠度变形、梁体裂缝、刚度变化及极限强度等作为指标，分析并评估压浆缺陷大小对预应力构件力学性能的影响，以及评估压浆缺陷分布对预应力构件力学性能的影响。

试验梁压浆情况及尺寸　　　　　　　　　　　　　　　　　表2-1

试验梁编号	工况图示	压浆情况
PCB-1		密实压浆
PCB-2		无压浆
PCB-3		半幅无压浆
PCB-4		中间一半无压浆
PCB-5		中间1/3无压浆
PCB-6		中间1/6无压浆
PCB-7		双缺陷，距离端部1/6处，各1/6距离无压浆
PCB-8		双缺陷，端部1/6处无压浆
PCB-9		双缺陷，距离端部1/12处，各1/6距离无压浆

　　试验在跨中、1/4 跨、加载点等位置底面设置两个电阻位移计，在梁两端支座处各设置一个电阻位移计和数显位移计，位移计量程为 30mm。

　　预应力梁采用三分点处两点集中加载方式。采用量程为 50t 的液压千斤顶集中加载，加载点位于梁计算跨度（1.8m）的三等分点处。

　　预应力梁在试验过程中主要记录梁跨中、1/4 跨平均应变、斜应变，梁跨中、1/4 跨和支座挠度、裂缝的宽度和平均间距等。

　　（2）试验结果分析

　　混凝土预应力梁的试验结果主要包括：试验梁的破坏形态、跨中的荷载-挠度曲线、试验梁裂缝的发展、试验梁刚度退化及损伤分析。

　　9 种不同密实压浆情况试验梁的试验数据如表 2-2 所示。

不同密实度压浆情况试验梁的试验数据　　　　　　　　　　表 2-2

编号	开裂荷载 （kN·m）	最大裂缝 宽度（mm）	屈服荷载 （kN·m）	最大裂缝宽度 （mm）	极限荷载 （kN·m）	最大裂缝宽度 （mm）
PCB-1（1）	13.5	0.015	37.5	0.22	46.5	——
PCB-1（2）	12.3	0.05	31.5	0.185	44.1	——
PCB-2（1）	13.5	0.01	33	0.3	38.1	——
PCB-2（2）	11.1	0.01	27	0.15	35.4	——
PCB-3（1）	15	0.03	33	0.16	38.1	——
PCB-3（2）	13.5	0.015	30	0.15	36.9	——
PCB-4（1）	12	0.025	33	0.175	39.6	——
PCB-4（2）	12.9	0.01	30	0.155	38.7	——
PCB-5（1）	10.5	0.05	34.5	0.24	41.4	——
PCB-5（2）	12.9	0.01	34.5	0.2	40.5	——
PCB-6（1）	13.5	0.05	34.5	0.4	41.7	——
PCB-6（2）	11.7	0.03	31.5	0.23	40.8	——
PCB-7（1）	15	0.015	34.5	0.16	44.1	——
PCB-7（2）	13.5	0.01	31.5	0.15	39.0	——
PCB-8（1）	10.3	0.03	34.5	0.21	41.7	——
PCB-8（2）	12.3	0.015	33	0.23	42.3	——
PCB-9（1）	9	0.02	34.5	0.35	39.9	——
PCB-9（2）	12	0.01	31.5	0.2	39.9	——

　　通过对试验现象的观察和结果的分析，可判断此混凝土预应力试验梁为适筋梁，其破坏过程包括开裂前阶段、带裂缝工作阶段和钢筋屈服后直至失效 3 个阶段，各阶段的破坏模式与普通钢筋混凝土梁受弯破坏相似，均为延性破坏，截面破坏的过程始于受拉钢筋屈服，终结于受压区边缘混凝土压碎，从钢筋开始屈服直至梁最终破坏之前有明显预兆。

　　无压浆试验梁（PCB-2），半幅无压浆试验梁（PCB-3）和双缺陷、两端 1/6 处无压浆梁（PCB-8）的破坏过程与其他梁不同，其发生不同程度的预应力筋腐蚀。其腐蚀程度与其压浆缺陷分布的位置和大小均有一定的关系。压浆缺陷越大，分布位置越靠近梁端，则更易接触空气，腐蚀程度更严重。因此对于设计为适筋的预应力混凝土梁来说，梁正截面发生两种破坏方式：一种是传统的适筋破坏；另一种是因预应力钢绞线钢丝被腐蚀率先被拉断，导致构件破坏，这种破坏导致梁的极限承载力和变形能力发生不同程度的降低，其降低程度与腐蚀程度有关。

由试验梁跨中挠度随着荷载变化的曲线图2-4可知，预应力梁的荷载-挠度曲线大致可分为三个阶段。

第一阶段为弹性工作阶段。当荷载较小时，混凝土截面上应力很小且成直线分布，随荷载的增大，混凝土截面上应力也不断增大，受拉区混凝土逐渐发生塑性变形，当荷载增大到一定程度后，受拉区边缘混凝土应力达到其抗拉强度，试件梁处于开裂前的临界状态。

第二阶段为带裂缝工作阶段。在试件梁处于即将开裂的临界状态时，荷载只要稍微增大，混凝土截面即开裂。开裂后，钢筋混凝土截面发生内力重分布，裂缝处由混凝土承担的拉应力转为由钢筋承担，导致钢筋的应力突然增大，试件梁的刚度突然降低，在荷载-挠度曲线上体现为出现第一个转折点。随荷载的继续增加，试件梁裂缝进一步开展，钢筋应力继续增大，直至达到其屈服强度。

第三阶段为破坏阶段。当钢筋屈服时，荷载仍按原有的趋势有所增加，但增加的幅度较小。此阶段下，钢筋的塑性变形极度增大，裂缝发展迅速，混凝土受压区高度不断降低，受压区面积减小，受压区混凝土压应力增大，直至达到其极限压应力后，混凝土开始压碎脱落，构件承载能力下降，以致曲线出现陡降段，但是此时预应力筋尚未断裂，构件尚能承担部分荷载。卸载后，试验梁挠度部分恢复，部分裂缝闭合，但存在部分残余变形。

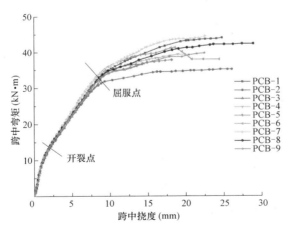

图2-4 跨中弯矩与挠度曲线图

由图2-4可知，试验梁开裂之前，各工况下的试验梁荷载-挠度曲线基本重合。可见，该阶段孔道压浆情况对试验梁刚度影响很小。这是因为开裂之前试验梁的刚度基本由混凝土截面控制，而压浆缺陷导致的截面削弱影响很小。

开裂将导致试验梁刚度退化，且其退化程度与压浆缺陷的位置及长度密切相关。对于无压浆段而言，混凝土与钢绞线间的黏结力大幅度减小甚至可以忽略不计，导致混凝土与钢绞线变形不协调。相对于有压浆段而言，钢绞线拉力较小，从而使得受压合力作用点上移，受压区高度减小，进而受压区混凝土过早压碎，降低极限承载力；另一方面，无压浆使得钢绞线更容易被锈蚀，从而降低梁的极限承载力。

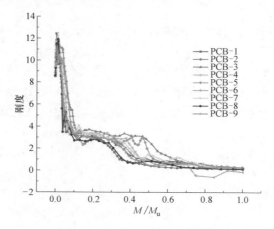

图2-5　跨中截面刚度退化曲线

当梁的灌浆缺陷越大，其刚度退化发生越早，退化的速度越慢；待裂缝发展稳定以后，刚度的退化速度明显减慢，各不同缺陷试验梁刚度退化的速度基本一致；加载至钢筋屈服以后，试件的刚度又一次发生迅速下降，直至试验梁的破坏。由图2-6可知，有效黏结可使得由开裂引起的混凝土受拉应变能的损失减小，裂缝周边的混凝土仍具有较大的应变能，从而导致新的裂缝产生，进而裂缝数量上升，间距减小。反之，有效黏结不足，拉应变能迅速损失，则难以产生新裂缝，相应地裂缝少且间距大。

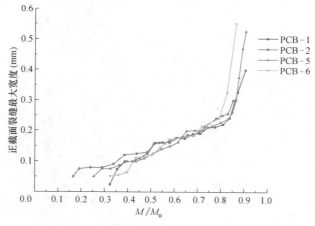

图2-6　最大裂缝宽度发展图

2.3.2　缺陷长度及缺陷位置对极限强度的影响规律

本试验方案变量共两种，一是缺陷长度；二是缺陷位置。针对这两个变量，分别探究缺陷长度及缺陷位置分布对于构件的影响。

（1）缺陷长度对预应力小梁极限强度的影响

取密实压浆试验梁（PCB-1）、中间 1/6 无压浆试验梁（PCB-6）、中间 1/3 无压浆试验梁（PCB-5）、中间 1/2 无压浆试验梁（PCB-4）及无压浆试验梁（PCB-2），此 5 根梁缺陷位置均居中对称，缺陷长度依次增大，以此分析预应力梁极限长度随预应力孔道缺陷长度的变化规律。取预应力孔道缺陷长度与预应力孔道总长度的比值为横轴；以密实压浆试验梁（PCB-1）为对比梁，取各缺陷长度下试验梁承载力与对比梁的承载力比值为纵轴。具体数据如表 2-3 所示。

预应力梁极限承载力与缺陷长度			表 2-3
编号	极限承载力（kN·m）	缺陷长度百分比（%）	极限承载力比值
PCB-1	44.1	0	1
PCB-6	41.7	16.7	0.95
PCB-5	40.5	33.3	0.92
PCB-4	38.7	50	0.88
PCB-2	35.4	100	0.80

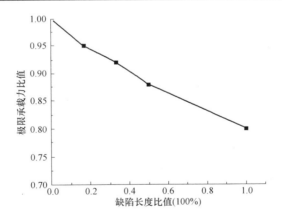

图 2-7　缺陷长度与极限承载力的关系

缺陷长度对极限承载力的影响如图 2-7 所示，可以看出，在相当大的范围内预应力孔道缺陷长度与极限承载力近似呈线性关系。

（2）缺陷位置对预应力梁极限强度的影响

取中间 1/3 无压浆试验梁（PCB-5），双缺陷、距离端部 1/6 处、各 1/6 距离无压浆试验梁（PCB-7），双缺陷、距离端部 1/12 处、各 1/6 距离无压浆试验梁（PCB-9），双缺陷、端部 1/6 处无压浆试验梁（PCB-8），此 4 根梁均为预应力孔道缺陷长度共占预应力孔道总长 1/3 的构件，但是缺陷位置不同。若将 PCB-5 看作在缺陷跨中位置相交的双缺陷，则这一组为缺陷位置逐渐向两端移动的对称双缺陷构件。具体数据如表 2-4 所示。

可以看出，缺陷位置对极限承载力无明显影响。

弯矩	PCB-5	PCB-7	PCB-9	PCB-8
试验1	41.4	44.1	39.9	41.7
试验2	40.5	39.0	39.9	42.3

2.4 预应力孔道压浆密实度对结构性能影响数值研究

对于预应力混凝土构件，压浆不密实或压浆缺陷是影响预应力钢筋混凝土结构使用性能和承载力的重要因素。现采用矩形截面的预应力钢筋混凝土模型，基于 ANSYS 对不同工况下 PC 梁构件的承载力和挠度变形进行计算，并与前述试验结果进行比对分析。

2.4.1 预应力孔道压浆缺陷小梁承载力数值分析

小梁实体模型的尺寸以及钢筋具体位置按照试验方案中构件尺寸建立，并对模型进行有限元分析，并将数值模拟结果与试验结果进行对比。

图 2-8 中，列出了四种工况在 120kN 作用力下，梁中点横截面拉压应力云图，其中 PCB-1 为完全压浆构件，PCB-4 为具有 1/2 梁长的位于跨中的压浆缺陷，构件 PCB-5、PCB-7 均具有 1/3 梁长缺陷，PCB-5 的缺陷在跨中对称分布，PCB-7 在两端对称分布。

由图 2-8 可知，相同荷载下，PCB-1 的受压区高度最大，表明其仍有一定的承载能力；PCB-4 对应的缺陷长度最大，受压区高度最小，表明其顶面混凝土应力较大，可能更早进入极限状态；PCB-5、PCB-7 的受压高度在前两者之间，且缺陷分布于两端的构件 PCB-7 的受压区高度略小于 PCB-5，说明其承载能力略差。由此可见，压浆缺陷越长则对构件的抗弯能力影响越大，同时弯剪段无压浆相对于纯弯段无压浆对构件的抗弯能力影响更大，使构件承载力削减更为严重。

试验方案中缺陷的设定主要有两个变量，一是缺陷长度，取 PCB-1、PCB-6、PCB-5、PCB-4、PCB-2 为一个对照组，缺陷均集中于跨中；二是缺陷位置，取 PCB-5、PCB-7、PCB-8、PCB-9 为一个对照组，缺陷长度均相同。现针对这两个变量，分别探究缺陷对于构件的影响。

（1）缺陷长度的影响

PCB-1、PCB-6、PCB-5、PCB-4、PCB-2 构件，压浆位置均集中于跨中且两侧均对称，压浆缺陷长度依次增大，现以极限抗弯承载力为衡量标准，分别列出两个批次以及数值模拟的极限弯矩如表 2-5 所示进行分析比较。

数据类型	PCB-1弯矩 （kN·m）	PCB-6弯矩 （kN·m）	PCB-5弯矩 （kN·m）	PCB-4弯矩 （kN·m）	PCB-2弯矩 （kN·m）
试验1	46.5	41.7	41.4	39.6	38.1
试验2	44.1	40.8	40.5	38.7	35.4
数值模拟	44.7	41.8	41.2	37.9	30.4

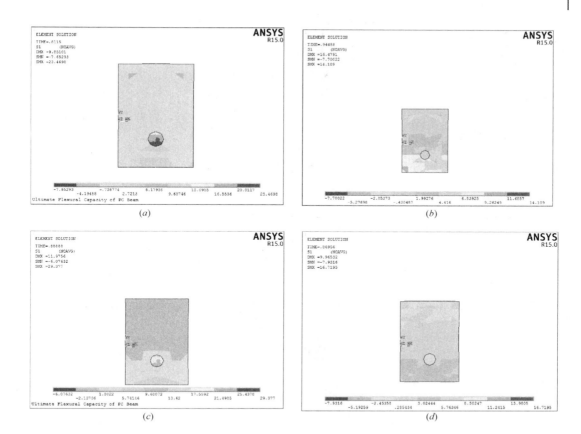

图 2-8　四种工况应力云图

（a）PCB-1；（b）PCB-4；（c）PCB-5；（d）PCB-7

　　取缺陷长度与构件总长度的比值为横轴；以无缺陷时的抗弯承载力为基准，取各缺陷长度下承载力的削减百分数为纵轴，将表 2-5 数据整理于图 2-9。

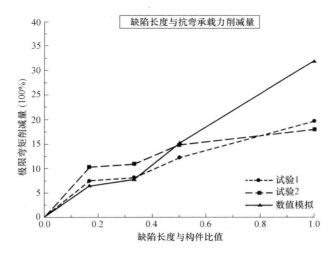

图 2-9　缺陷长度对极限弯矩的影响图

27

由图 2-9 可知，两个批次试验数据以及数值模拟的结果表现出一致的规律，即对于相同位置的压浆缺陷，缺陷长度越大则对构件承载力的削弱越严重；以试验数据为基准，在完全无压浆状态下，对抗弯承载力的削减接近 20%，由此可见对预应力构件压浆缺陷问题不可忽视。

同样针对这一组构件，探究缺陷长度对跨中最大挠度的影响，将两个批次试验结果以及数值模拟的最大挠度记录于表 2-6。

不同缺陷长度下极限挠度对比表　　　　　　　　　　　　　表 2-6

数据类型	PCB-1 最大挠度（mm）	PCB-6 最大挠度（mm）	PCB-5 最大挠度（mm）	PCB-4 最大挠度（mm）	PCB-2 最大挠度（mm）
试验1	14.59	15.20	18.58	19.89	18.39
试验2	24.70	24.30	19.94	20.85	26.43
数值模拟	22.3	16.63	16.55	20.34	20.72

取缺陷长度与构件总长度的比值为横轴，极限弯矩下的跨中挠度为纵轴，整理得图 2-10 所示。

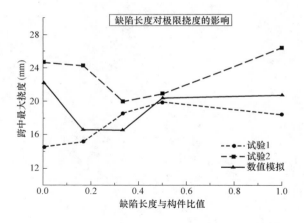

图 2-10　缺陷长度对极限挠度的影响图

由图 2-10 可知，极限弯矩下的跨中挠度值并未与构件缺陷长度表现出一致性。由上述分析，随着缺陷长度的增大构件承载能力下降，但极限弯矩下的挠度值并未单调增大，可能原因是各个构件所能承载的极限弯矩差异导致，承载力较差构件变形能力并未充分发挥便发生破坏；在最大加载力与构件本身性能的双重影响下，得到该结果。

（2）缺陷位置的影响

PCB-5、PCB-7、PCB-9、PCB-8 构件，均为缺陷共占梁长 1/3 的构件；若将 PCB-5 看作在缺陷跨中位置相交的双缺陷，则这一组为缺陷位置逐渐向两端移动的对称双缺陷构件。分别列出两个批次以及数值模拟的极限弯矩如表 2-7 所示进行分析比较。

按缺陷位置分布，构件 PCB-5、PCB-7、PCB-9 的缺陷位置依次距离支座越来越近。在数值模拟结果中，极限抗弯承载力单调递减，即同等缺陷长度情况下，缺陷位置越接近于支座则对构件承载力的削弱越严重，然而在试验 2 的数据中并无明显规律。因此，对于等缺陷长度下缺陷位置的影响需要更为详尽的试验进行验证。

不同缺陷位置结果对比表　　　　　　　　　表2-7

试验	PCB-5弯矩(kN·m)	PCB-7弯矩(kN·m)	PCB-9弯矩(kN·m)	PCB-8弯矩(kN·m)
试验1	41.4	44.1	39.9	41.7
试验2	40.5	39.0	39.9	42.3
数值模拟	41.2	39.3	37.1	35.6

在两次试验以及数值模拟结果中，构件PCB-5都表现出比构件PCB-7、PCB-9更高的抗弯承载力，可见相对于发生在纯弯段的缺陷而言，弯剪段的缺陷对构件的影响较小。

对于PCB-8而言，因为位置过于靠近两端，导致其1/3的缺陷长度都处于支座外侧，有效的缺陷长度反而不及其他三种构件，因此在试验中表现出略高的承载力。数值模拟中这种差别并没有得到体现，而是随着缺陷位置的移动呈现出单调性，可能是对张拉阶段模拟的简化造成的影响，故应以试验数据为主。

分析至此可见，本研究采用的有限元分析模型具有较高的可靠度，对于局部缺陷的PC梁的承载力的数值分析方法具有较好的实用性，尤其适用于缺陷长度小于总体梁长的1/2与缺陷位置距离端部1/6梁长以上的工况。

2.4.2　预应力孔道压浆缺陷足尺箱承载力数值分析

根据各项灌浆质量的调查结果，考虑压浆缺陷的长度影响，设计第一组工况中构件的压浆缺陷均位于跨中，缺陷中线与梁中线重合，以压浆缺陷长度为变量，由0起依次递增0.8m直至接近箱梁总长的15%，列于表2-8（a）；第二组工况与第一组交叉比较，位置分布于梁两端，以缺陷中点到支座的距离X为变量，缺陷中心在两支座之间时X为正，列于表2-8（b）。

第一组构件工况表　　　　　　　　　表2-8（a）

	A构件	B构件	C构件	D构件	E构件
缺陷长度（m）	0.0	0.8	1.6	2.4	3.2
缺陷位置	跨中	跨中	跨中	跨中	跨中

第二组构件工况表　　　　　　　　　表2-8（b）

	F构件	G构件	H构件
缺陷长度（m）	1.2	1.2	1.2
缺陷位置	两端对称	两端对称	集中一端
X（m）	-0.1	0.3	0.6

基于ANASYS对以上两种工况下足尺箱模型进行模拟分析。

（1）缺陷长度影响

竖直方向荷载施加于支座间三分点位置，使梁承受弯矩与剪力。取构件跨中弯矩为纵

预应力孔道压浆密实度检测技术

轴，将第一组中的各个工况曲线叠放于同一坐标系内，整理得如图2-11所示。

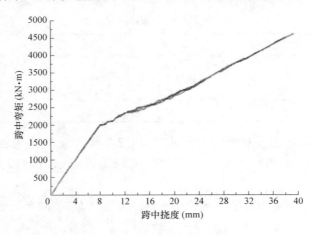

图2-11 第一组构件弯矩与挠度曲线

由图2-11可见，位置相同、长度不同的压浆缺陷对于足尺构件的性能亦有所影响。线性阶段基本重合，非线性阶段的波动则有所区别；但总体而言重合依然比较明显，说明当缺陷长度在构件总长的15%以内时，对构件受力过程的影响有限。为探究缺陷长度对构件抗弯承载力的影响，现提取第一组中各构件的开裂弯矩和极限弯矩列于表2-9。

第一组开裂弯矩与极限弯矩 表2-9

	A构件	B构件	C构件	D构件	E构件
缺陷长度（m）	0.0	0.8	1.6	2.4	3.2
开裂弯矩（kN·m）	1992.70	2012.33	2023.60	2012.84	1995.42
极限弯矩（kN·m）	4634.41	4532.61	4495.69	4467.17	4446.19

可见，对于开裂时的跨中弯矩并没有随着缺陷长度的增长而表现出单调性，而在前面对于缩尺构件的分析中缺陷长度的增长应使得构件承载能力削弱。对此，可能的原因在于进行有限元计算时，并未考虑缺陷存在对于预应力损失的影响，对各个构件均施加等大的预应力荷载，这是不符合实际的，且开裂弯矩的最大差值仅占总值的1.5%，差异微小。

当缺陷长度在构件总长的15%以内时，随着缺陷长度的增长，构件的极限抗弯承载力表现出明显的单调性，表明压浆缺陷的存在对于构件承载力有着明显的削弱作用，且压浆缺陷长度越大则构件的抗弯承载力越差；缺陷长度占构件总长接近15%时，对构件承载力的削弱达4%。

针对第一组工况，当各个构件均承担1200kN外荷载时，得出各个构件截面应力值如表2-10所示。

等荷载作用下截面应力表 表2-10

	A构件	B构件	C构件	D构件	E构件
缺陷长度（m）	0.0	0.8	1.6	2.4	3.2
最大拉应力（Mpa）	2.163	2.416	2.314	2.358	2.475
最大压应力（Mpa）	12.312	12.264	12.391	12.374	12.412

表中数据可见，5个构件的应力值差距并不明显，且不具有单调性；说明在1200kN外荷载的作用下，构件中压浆缺陷长度的增大并未引起构件截面应力的明显变化。

综上所述，对于足尺箱梁构件，压浆缺陷基本不超过15%；在该范围内，随着缺陷长度的增长，箱梁构件的极限抗弯承载力逐渐减弱；缺陷长度占构件总长接近15%时，对构件承载力的削弱达4%。

（2）缺陷位置影响

现取构件B、C、D、G的开裂弯矩以及极限弯矩列于表2-11。

开裂弯矩与极限弯矩对比表 表2-11

	B构件	C构件	D构件	G构件
缺陷长度（m）	0.8	1.6	2.4	1.2
缺陷位置	跨中	跨中	跨中	两端对称
开裂弯矩（kN·m）	2012.33	2023.60	2012.84	2001.70
极限弯矩（kN·m）	4532.61	4495.69	4467.17	4492.85

虽然构件G缺陷长度处于B、C之间，但其构件位置处于构件的两端，使其开裂弯矩与极限弯矩均小于缺陷长度更长的构件C。构件H与其他构件的区别在于不具有对称性，构件H在有缺陷一端与构件G具有一致的缺陷起始位置，相同的总体缺陷长度，且整个缺陷均在两支座之间。将其与构件B、C、G对比如表2-12所示。

非对称情况对比表 表2-12

	B构件	C构件	G构件	H构件
缺陷长度（m）	0.8	1.6	1.2	1.2
缺陷位置	跨中	跨中	对称两端	集中一端
开裂弯矩（kN·m）	2012.33	2023.60	2001.70	1990.40
极限弯矩（kN·m）	4532.61	4495.69	4492.85	4472.50

由表2-12可见，构件H的极限弯矩是这一组中的最小值；其承载力小于缺陷长度更长的构件C，同时小于缺陷对称布置在梁两端的构件G。压浆缺陷使得构件截面强度削弱，且预应力筋与混凝土变形不协调；若是忽略孔壁内的摩擦，则无压浆段内钢绞线拉力基本相等，故无压浆段越长则对跨中钢绞线拉力削弱越大。由此说明，当缺陷长度相等时，相对于对称分布于梁两端的压浆缺陷，集中于梁一端分布的压浆缺陷对构件极限承载力的削弱作用更大；集中对称分布于跨中的缺陷对箱梁构件极限承载力的削弱作用小于对称分布于梁两端的缺陷。

2.5 预应力孔道压浆密实度对结构耐久性影响研究

预应力构件服役期一般较长，其耐久性对构件及结构安全具有较大影响。因此，本节通过经氯盐溶液浸泡的混凝土梁构件静载试验以及数值计算方法对足尺箱梁进行了仿真计算，评估压浆缺陷对预应力构件耐久性的影响。

2.5.1 经耐久性处理小梁静载试验研究

以经耐久性处理预应力小梁为研究对象进行了静载试验。为对比不同的压浆缺陷情况对混凝土构件耐久性能的影响，对试验梁设置了不同的压浆类型和耐久性处理，具体如表2-13所示。

试验梁编号、压浆情况及尺寸　　　　　　　　　　　　　　　　表2-13

试验梁编号	工况图示	压浆情况	耐久性处理
PCB-5		中间1/3无压浆	在氯盐溶液中浸泡1个月，标为PCB-5.1
PCB-7		双缺陷，距离端部1/6处，各1/6距离无压浆	耐久性试验设置3个时间点，分别为1、2、3个月的氯盐溶液浸泡，标为7.1、7.2、7.3
PCB-8		双缺陷，端部1/6处无压浆	在氯盐溶液中浸泡1个月，标为PCB-8.1
PCB-9		双缺陷，距离端部1/12处，各1/6距离无压浆	在氯盐溶液中浸泡1个月，标为PCB-9.1

对于设计为适筋的预应力混凝土梁来说，梁正截面发生的破坏方式主要还是传统的适筋破坏，但局部无压浆区钢筋与混凝土的黏结退化对构件裂缝的发展以及裂缝分布影响较大，可导致裂缝数量减少、间距增大、极限状态时最大裂缝宽度变大；另一种是因预应力钢绞线钢丝被腐蚀率先被拉断，导致构件破坏，这种破坏导致梁的极限承载力和变形能力发生不同程度的降低，其降低程度与腐蚀程度有关，即与压浆缺陷和浸泡时间相关。

为进一步分析压浆情况对跨中混凝土受压区高度变化的影响，测得各试验梁荷载-跨中混凝土受压区高度曲线如图2-12所示。与荷载-挠度曲线类似，各试验梁的荷载-跨中混凝土受压区高度曲线被开裂点和屈服点分为三个部分，具体如下：

（1）开裂之前，各试验梁跨中混凝土受压区高度基本相等，随着荷载的增大，受压区高度略有减少；

（2）开裂至屈服阶段，随着混凝土的开裂，受压区高度随着荷载的增加迅速减少，开裂稳定以后，受压区高度逐渐变为缓慢降低；

（3）屈服之后，受压混凝土形成塑性铰，表现为荷载轻微增加，受压区高度迅速减小。极限状态时，受压区高度相对很小。

裂缝的开展过程可分为四个阶段：

（1）在达到开裂荷载时，试验梁的纯弯段下边缘首先出现竖向微裂缝；压浆缺陷位置越靠近边缘，其开裂荷载越小。试验梁在酸水中浸泡后，开裂荷载明显变小，在酸水中浸泡的时间越长，其开裂荷载越小。PCB-5试验梁的开裂荷载为42kN，PCB-5.1试验梁的开裂荷载为37kN，PCB-8.1试验梁的开裂荷载为32kN，PCB-7.1试验梁的开裂荷载为35kN，PCB-7.3试验梁的开裂荷载为30kN。

（2）随着荷载继续增大，多条裂缝相继在试验梁纯弯段和剪跨段下边缘出现，纯弯段裂缝向上延伸，剪跨段裂缝向加载点延伸，裂缝宽度逐渐增大。当达到屈服强度时，试验梁表面裂缝基本出齐且延伸高度基本一致，约为梁高的1/2。

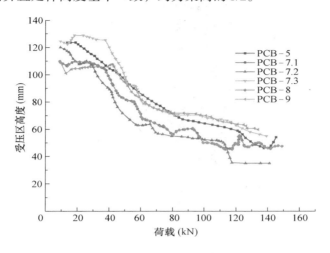

图2-12　试验梁受压区高度变化图

（3）荷载继续增加，新裂缝不再出现，纯弯段裂缝宽度继续增大并向上有部分延伸，当达到承载力极限强度时，受压区混凝土出现劈裂裂缝并突然崩裂，此时裂缝延伸高度约为梁高的3/4。

（4）试验梁在峰值荷载过后，仍有一定承载能力，保持加载后，受压区混凝土的劈裂裂缝向下发展，延伸至原混凝土受拉开裂的位置。最大裂缝宽度发展曲线见图2-13。

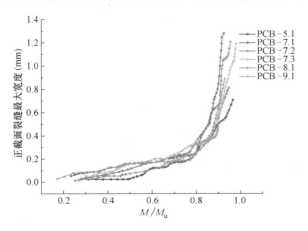

图2-13　最大裂缝宽度发展图

由图2-13可见，各预应力混凝土试验梁在混凝土开裂前，处于弹性阶段，试件的刚度随荷载的变化基本保持不变；开裂以后，随着荷载的变化，试验梁刚度急剧下降，下降的幅值多达初始刚度的30%~40%，从刚度退化斜率可以看出，压浆缺陷的位置越靠外，刚度退化发生越早，退化的速度越慢；待裂缝发展稳定以后，刚度的退化速度明显减慢，各不同缺陷试验梁刚度退化的速度基本一致；加载至钢筋屈服以后，试件的刚度又一次发生迅速下降，直至试验梁的破坏。

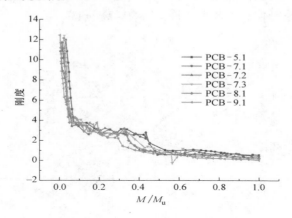

图2-14　跨中截面刚度退化曲线

　　完成预应力梁的加载试验后，去除表面混凝土露出预应力钢筋，观察预应力筋锈蚀情况，能够看出由于压浆缺陷的位置不同，各试验梁的预应力筋锈蚀情况有显著差别，没有灌浆位置的预应力筋所对应的局部锈蚀情况，明显比灌浆位置的预应力筋锈蚀情况严重。这是因为孔道压浆的根本目的是排除孔道内的水和空气，防止预应力筋被腐蚀，保证预应力构件的耐久性。当孔道中的氯离子由无灌浆处进入孔道，到达钢筋表面，并吸附于局部钝化膜处时，可使该处的pH值迅速降低，破坏预应力筋表面的钝化膜，引起局部预应力筋腐蚀。

　　对比PCB-5和5.1，PCB-8和8.1，PCB-9和9.1可知，试验梁经过盐水的浸泡，预应力筋腐蚀程度更严重。对比PCB-5.1、PCB-7.1、PCB-8.1和PCB-9.1可知，在压浆缺陷大小不变的情况下，分布位置越靠近梁端，越容易接触到空气，从而导致预应力筋腐蚀程度更严重。再对比PCB-7.1、PCB-7.2和PCB-7.3试验梁，在压浆缺陷的大小和位置保持不变的情况下，在盐水环境中浸泡的时间长短，使得各梁的预应力筋锈蚀情况产生差别。其中，PCB-7.1的预应力筋锈蚀情况最轻，因为其浸泡时间最短，而本试验的主要腐蚀原因为氯离子的侵蚀作用，在不考虑碳化作用差别的前提下，与另外两种工况的梁相比，氯离子更难到达预应力筋表面造成腐蚀。而锈蚀情况最严重的梁为PCB-7.3，其极限应变也随着锈蚀的增长而降低，预应力筋中的有效预拉力降低，进而会降低预应力梁的开裂荷载和变形能力，和实际裂缝的发展情况相同。

2.5.2　预应力筋腐蚀后足尺箱梁承载力数值分析

　　前文中以室内试验的方式探讨了压浆缺陷的位置、侵蚀时间对经耐久性处理的小梁的跨中挠度、刚度退化、裂缝发展等情况的影响。在前文的分析中，仅考虑压浆部分本身对构件的影响，然而实际上压浆缺陷对预应力筋也会有所影响，不仅仅体现在预应力筋与混凝土黏结力下降，且空浆处无混凝土保护层的预应力筋也容易在拉应力与腐蚀的共同作用下产生应力腐蚀，形成腐蚀坑或是断裂进而导致部分预应力筋失效。为探究空浆处部分预应力筋断裂对构件承载力的影响，研究不同位置预应力筋断裂对构件极限抗弯承载力的影响。

小箱梁构件模型的压浆缺陷工况中涉及的缺陷位置主要有以下四种：①缺陷整体位于箱梁正中心；②缺陷分布箱梁两端且部分位于支座外侧；③缺陷分布箱梁两端且整体均位于支座内侧；④缺陷仅存在于梁一端。若空浆段内，某一处预应力筋断裂，则该空浆段内的预应力筋因无外力作用均无应力。故以前文中的小箱梁模型工况为基础，取接近的总压浆缺陷长度，取不同的压浆缺陷位置，对预应力筋受应力腐蚀断裂后对构件承载力影响进行探究。选取工况如表2-14所示。

构件工况表 表2-14

工况	缺陷长度(m)	缺陷位置
1	1.6	缺陷中心位于构件跨中
2	1.2	缺陷对称分布于构件两端,2/3缺陷长度位于支座外侧
3	1.2	缺陷对称分布于构件两端,缺陷整体均位于支座内侧
4	1.2	缺陷位于构件一端,从支座位置起向跨中发展

ANSYS的后处理中，定义变量为随时间变化的跨中挠度与跨中弯矩，得到跨中竖向位移与跨中弯矩的关系曲线，由于工况1与前文中工况C区别仅在于工况1中空浆处部分预应力筋断裂，将工况C与工况1进行对比，如图2-15所示；将两者开裂弯矩与极限弯矩进行对比，列入表2-15。

开裂及极限弯矩对比表 表2-15

工况	预应力筋	开裂弯矩(kN·m)	极限弯矩(kN·m)
1	断裂	663.09	1901.11
C	未断裂	2023.60	4495.69

由表2-15可知，预应力筋断裂后，开裂弯矩相对于原工况削弱67.2%，极限弯矩相对于原工况削弱57.7%。由于预应力筋断裂位置处于跨中，使得跨中为整个构件的最薄弱面，同时跨中所受弯矩最大，故而对整个构件承载力影响极大，使得开裂弯矩与极限弯矩均大大减小。由图2-15可知，虽然开裂时跨中挠度与极限时跨中挠度均有减小，但构件整体刚度毕竟没有体现出明显区别，开裂前两曲线重合，开裂后基本平行。

对于工况2，对应工况F，缺陷对称分布于两端，且部分缺陷位于支座外侧。将工况2与工况F的跨中弯矩-跨中挠度曲线进行对比，如图2-16所示。当预应力筋的断裂位置位于两端时，对构件的开裂弯矩几乎没有影响，其对于构件的影响主要体现在极限抗弯承载力。相对于工况F下的极限弯矩4573.90kN·m，工况2下的极限弯矩为3378.96kN·m，极限抗弯承载力削弱了26.13%。

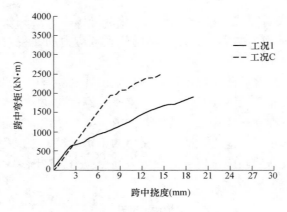

图2-15　工况1与工况C对比图

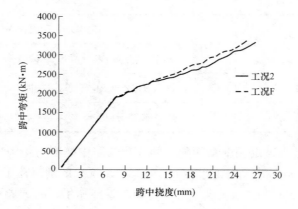

图2-16　工况2与工况F对比图

为探究预应力筋断裂位置对箱梁承载力的影响，对工况1~4中跨中弯矩-挠度曲线进行了对比，如图2-17所示。

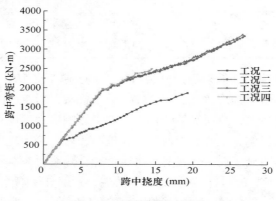

图2-17　不同位置对比图

可以看出，跨中预应力筋断裂对构件影响最大，开裂弯矩与极限弯矩均有大幅下降；预应力筋在端部断裂时对开裂荷载影响不大，但极限弯矩存在差别；跨中最大挠度与极限抗弯承载力成正比；整体刚度无明显区别。将各工况下预应力筋断裂后相对未断裂状况的极限抗弯承载力削弱值列入表2-16。可见：

（1）跨中预应力筋断裂对构件承载力影响最大，因为构件最薄弱截面与弯矩最大截面重合，使得构件其他截面承载能力充分发挥前即破坏。

构件工况表

表2-16

工况	空浆段总长度（m）	空浆及预应力筋失效位置	相对预应力筋未断裂构件极限抗弯承载力削弱值
1	1.6	缺陷中心位于构件跨中	57.71%
2	1.2	缺陷对称分布于构件两端，2/3缺陷长度位于支座外侧	26.13%
3	1.2	缺陷对称分布于构件两端，缺陷整体均位于支座内侧	24.41%
4	1.2	缺陷位于构件一端，从支座位置起向跨中发展	43.79%

（2）对比工况2与工况3，缺陷对称分布两端时曲线基本重合，极限承载力也没有明显区别。两者最薄弱截面位置差异较小，距支座1.8m以内，同一荷载下，该截面所受弯矩不超过跨中的23.68%，故对极限抗弯承载力的削弱作用明显小于工况1。

（3）缺陷集中于一端时，预应力筋总的失效长度不变，但失效位置却更接近于跨中，故其对极限抗弯承载力的影响大于工况2、3。

（4）无论预应力筋断裂位置位于何处，对构件极限抗弯承载力的削弱均大于20%，由于预应力断裂不仅是断裂及空浆部分失效无应力，同时对预应力筋整体也存在影响，虽然有混凝土黏结与握裹作用，但不同位置仍有不同程度的预应力削弱。由此可见，预应力筋的保护非常重要。

2.6 本章小结

本章介绍了预应力孔道压浆缺陷而导致的结构性能差异，通过试验分析以及数值仿真研究预应力孔道压浆缺陷对混凝土小梁和箱梁的力学性能影响，并将结果进行对比分析。另外通过对耐久性处理后的小梁和箱梁进行静载试验和承载力数值分析，探究预应力孔道压浆缺陷对结构耐久性产生的影响。得出以下结论：

预应力孔道灌浆缺陷越大，梁的刚度退化发生越早，退化的速度越慢；待裂缝发展稳定以后，刚度的退化速度明显减慢，各不同缺陷试验梁刚度退化的速度基本一致；加载至钢筋屈服以后，试件的刚度又一次发生迅速下降，直至试验梁的破坏。故相当大的范围内预应力孔道压浆长度与极限承载力近似呈线性关系，而缺陷的位置对于梁的极限承载力无明显影响。

等长度的压浆缺陷，当缺陷整体均位于箱梁支座之间时，对箱梁构件的极限抗弯承载力削弱更为严重。集中对称分布于跨中的缺陷对箱梁构件极限抗弯承载力的削弱作用小于对称分布于梁两端的缺陷;对称分布于梁两端的缺陷对箱梁构件极限抗弯承载力的削弱作用小于集中分布于箱梁一端的压浆缺陷。

预应力孔道压浆缺陷对预应力构件的耐久性有较大影响,由于压浆缺陷的位置不同,没有灌浆位置的预应力筋所对应的局部锈蚀情况,明显比灌浆位置的预应力筋锈蚀情况严重。在压浆缺陷大小不变的情况下,分布位置越靠近梁端,预应力筋腐蚀程度越严重。

第3章　冲击回波法预应力孔道压浆密实度
检测技术

3.1　引言

冲击回波作为弹性波，其利用弹性波的传播特性检测结构内部缺陷，是由美国标准技术研究院（NIST）和美国康奈尔大学提出的。目前，冲击回波法作为一种常用的混凝土、砌体结构的缺陷评估方法，广泛用于实际检测中。国内外学者开展了冲击回波法检测混凝土结构的试验研究，并通过有限元方法来模拟缺陷、通过新方法解释频谱曲线。国内在冲击回波检测研究中也有所突破，诸如：南京水利科学研究院首先研发并应用该方法进行混凝土结构厚度和缺陷评估的冲击发射系统；在我国高速发展的桥梁建设事业对于预应力孔道的压浆质量的重视程度逐渐加强的背景下，冲击回波法必将成为无损检测压浆质量的重要手段。

本章通过从应力波理论入手详细介绍冲击回波法的原理，介绍如何应用冲击回波法进行预应力孔道密实度的检测，并通过具体工程实例来了解冲击回波法在工程中的应用。

3.2　基本原理和检测方法

应力波的传播具有一定的速度、走时曲线及传播路径，在不同阻抗的界面上会发生反射、透射及波形变换。同时还具有一定的振幅、波形及频谱，在叠加时可能出现干涉现象，传播过程中还可能出现几何发散现象。当介质具有理想弹性时会出现能量吸收现象，在某些情况下应力波还会出现频散特性，这些性质使得应力波成为结构质量检测的重要工具。当在介质表面上施加一瞬时应力脉冲，产生的应力波在传播过程中遇到结构边界或内部缺陷时会发生反射和透射，这样安装在介质边界面上的传感器就能接收到应力波传播引起的微小位移变化。这些变化将物体内部的材料性质、边界、缺陷等信息传递出来，最后将其所携带的信息提取出来就完成了应力波检测的全过程。

3.2.1　应力波理论

应力波理论是由弹性波理论发展而来的，机械扰动或振动在连续介质中的传播就形成了应力波。如果在介质的某处突然发生了某种状态的扰动或振动（例如受到振动或冲击），由于微元体在动载荷下的惯性不能忽略，使得该处直接受到动载荷作用的质点离开了初始平衡位置开始运动。这种相对运动产生了应力差，将导致周围质点也投入运动，这样不断向外扩散就产生了应力波。应力波的传播实际上就是一种能量传递的过程，应力波在连续介质中传播的基本条件就是介质的可变形性和惯性[29]。

固体中的应力波按材料的本构关系分为弹性波和非弹性波，弹性波的应力和应变之间的关系遵循胡克定律[30]，非弹性波的应力和应变关系不遵循胡克定律。固体内部按传播方式通常分为纵波和横波两大类，传播方向与质点运动方向平行的为纵波（P波、压缩波、膨胀波），产生拉伸或压缩应力，在传播方向上呈现疏密特性。传播方向与质点运动方向垂直的波称为横波（S波、剪切波、扭曲波），剪切应力为主要应力状态。两种波以球面形式不断向外传播直至能量衰减为零。同时在固体表面还会产生一种由以上两种波耦合成的非均匀的表面波（R波、瑞利波），在固体表面向外放射传播。应力波的波速在各向同性均匀介质中是一个定值，当瞬态应力波通过介质时，内部质点应力不断变化，扰动传递的实现就是依靠质点的非同时、非等量的运动实现的。在应力波传播过程的任何瞬间，所有动质点均具有质点速度，在弹性介质中质点速度与即时应力还存在着线性关系。传播过程中遇到分界面时，应力波就会发生反射现象[31]。当曲率小于波长或反射面为断面时，应力波就会产生绕射现象[32]。

（1）应力波基本方程

在理论力学中将运动质点视为刚体，质点在力的作用下只有运动而不考虑应变，这样根据牛顿第二定律可以写出运动微分方程。而材料力学认为质点的运动将产生作用力，用胡克定律可以计算出质点的应变，但是完全忽略了质点在应变过程中产生的运动。它们既不是绝对的刚体也不是静态力作用下的绝对弹性体，在传播波的瞬间既产生运动又产生应变。由于两者各自产生的位移数量级相当，所以必须同时考虑。因此用牛顿定律表征的运动方程与用胡克定律表征的应变方程联立，就得到了介质质点的波动方程。但应当注意的是，介质中质点具有的加速度、应变是具有特定的时间和空间含义的，这就是波动理论与弹性理论在研究方法上的不同，但波动理论是建立在弹性理论基础上的，因此在研究方法上又有相同之处。

在研究弹性体应力、应变规律时，需要在能反映事物主要矛盾的前提下将其抽象化为一种理想的力学模型，以研究问题的本质，从而形成典型的力学模型。弹性波动力学的基本假设如下[33]：

① 物体是连续的。在宏观上认为物体内部由连续介质组成，不考虑物体内部各个分子的运动和原子结构，即物体整个体积都被组成该物体的物质填满，这样就可以利用数学上连续函数求解方法来处理弹性力学问题。

② 物体是均匀和各向同性的。认为物体内部各点及每点各个方向上的物理性质都是相同的，研究时就能够将某一点分析的结果应用于整体。

③ 小变形假设。认为物体在外力及温度等因素下而产生的位移与整体尺寸相比是可以忽略的，从而可以认为变形前和变形后的尺寸相同。

④ 完全弹性假设。认为物体始终处于弹性状态，能够运用胡克定律来建立应力和应变的关系。

⑤ 无初应力假设。认为物体在受外界因素作用时应力仅由现在所作用的因素产生。

在满足上述假设的前提下，弹性波动力学问题得到了极大的简化，从而可以从弹性体中选取微元体，综合考虑静力学、几何学、物理学得出基本微分方程，再考虑初始条件和边界条件进而求解。

首先从静力学角度分析介质的平衡方程，从介质中取出一个平行六面微分体，设边长

分别为 dx、dy 和 dz，作用于平行六面微分体上的体积力为 $\phi(f_x,f_y,f_z)$，作用在 yoz、xoz 和 xoy 平面上的应力分量分别为 $(\sigma_x,\tau_{xy},\tau_{xz})$，$(\tau_{yx},\sigma_y,\tau_{yz})$，$(\tau_{zx},\tau_{zy},\sigma_z)$，设 yoz 平面上的作用力 $\sigma_x=f(x,y,z)$。

在 x 方向上得到坐标增量 dx，因此正应力就可表示为：

$$\sigma'_x=f(x+dx,y,z)$$

将上式以级数的形式展开可得到：

$$f(x+dx,y,z)=f(x,y,z)+\frac{\partial f(x,y,z)}{\partial x}dx+\frac{1}{1\times 2}\times\frac{\partial^2 f(x,y,z)}{\partial x^2}(dx)^2+\cdots$$

将一阶以上的高阶微量省略后可得：

$$\sigma'_x=\sigma_x+\frac{\partial\sigma_x}{\partial x}dx$$

同理可得 yoz、xoz 和 xoy 平面上的应力分量别为：

$$\left(\sigma_x+\frac{\partial\sigma_x}{\partial x}dx,\tau_{xy}+\frac{\partial\tau_{xy}}{\partial x}dx,\tau_{xz}+\frac{\partial\tau_{xz}}{\partial x}dx\right)$$

$$\left(\tau_{xy}+\frac{\partial\tau_{xy}}{\partial y}dy,\sigma_y+\frac{\partial\sigma_y}{\partial y}dy,\tau_{yz}+\frac{\partial\tau_{yz}}{\partial y}dy\right)$$

上述分量与作用面积的乘积就是对应的力，由于介质整体是平衡的，所以其中的微分体也是处于平衡状态，列出 x、y、z 方向力平衡条件就可以得到弹性介质中的平衡微分方程为：

$$\left.\begin{array}{l}\dfrac{\partial\sigma_x}{\partial x}+\dfrac{\partial\tau_{xy}}{\partial y}+\dfrac{\partial\tau_{xz}}{\partial z}+f_x=0\\[2mm]\dfrac{\partial\tau_{yx}}{\partial x}+\dfrac{\partial\sigma_y}{\partial y}+\dfrac{\partial\tau_{yz}}{\partial z}+f_y=0\\[2mm]\dfrac{\partial\tau_{zx}}{\partial x}+\dfrac{\partial\tau_{zy}}{\partial y}+\dfrac{\partial\sigma_z}{\partial z}+f_z=0\end{array}\right\}\quad\text{或写成}\ \sigma_{ij,j}+f_i=0 \qquad(3\text{-}1)$$

上式是通过六面微分体的静力平衡条件推导出来的，所以简称为平衡方程。

同时，传播扰动的介质质点处于运动状态，可以运用牛顿第二定律（动量守恒定律）来推导弹性波的运动方程：

$$\vec{F}=m\vec{a} \qquad(3\text{-}2)$$

式中　$\vec{F}$——六面微分体处质点所承受的所有外力的合力，其在 x、y、z 轴方向的分力可用公式（3-1）中的各式表示，设微元体单位体积的质量为 ρ，则质点微分体的质量为：

$$m=\rho dxdydz \qquad(3\text{-}3)$$

式中　　ρ——微元体单位体积的质量；

dx、dy、dz——六面微分体的各边长。

所以在 x、y、z 轴方向的加速度分量就可以表示为：

$$\alpha_x = \frac{\partial^2 u}{\partial t^2}, \alpha_y = \frac{\partial^2 \upsilon}{\partial t^2}, \alpha_z = \frac{\partial^2 \omega}{\partial t^2} \tag{3-4}$$

将式（3-1）~式（3-3）代入式（3-4）并整理后可得：

$$\left. \begin{aligned} \frac{\partial \sigma_x}{\partial x} + \frac{\partial \tau_{xy}}{\partial y} + \frac{\partial \tau_{xz}}{\partial z} + f_x = \rho \frac{\partial^2 u}{\partial t^2} \\ \frac{\partial \tau_{yx}}{\partial x} + \frac{\partial \sigma_y}{\partial y} + \frac{\partial \tau_{yz}}{\partial z} + f_y = \rho \frac{\partial^2 \upsilon}{\partial t^2} \\ \frac{\partial \tau_{zx}}{\partial x} + \frac{\partial \tau_{zy}}{\partial y} + \frac{\partial \sigma_z}{\partial z} + f_z = \rho \frac{\partial^2 \omega}{\partial t^2} \end{aligned} \right\} \tag{3-5}$$

式中　ρ——微元体单位体积的质量；

u、υ、ω——x、y、z轴方向位移分量。

根据弹性力学理论可以得到微元体应力-应变关系方程：

$$\left. \begin{aligned} \sigma_x = \lambda\Delta + 2G\varepsilon_x, \tau_{xy} = G\gamma_{xy} \\ \sigma_y = \lambda\Delta + 2G\varepsilon_y, \tau_{yz} = G\gamma_{yz} \\ \sigma_z = \lambda\Delta + 2G\varepsilon_z, \tau_{zx} = G\gamma_{zx} \end{aligned} \right\} \tag{3-6}$$

式中　λ——拉梅常数（弹性模量）；

G——剪切模量；

Δ——线应变记号，$\Delta = \frac{\partial u}{\partial x} + \frac{\partial \upsilon}{\partial y} + \frac{\partial \omega}{\partial z} = \varepsilon_x + \varepsilon_y + \varepsilon_z$；

ε_x、ε_y、ε_z——x、y、z轴方向应变分量。

由于普通体积力不会对短周期弹性波产生明显影响，通常将其忽略，所以可以将式（3-6）代入式（3-5）并整理：

$$\left. \begin{aligned} \rho \frac{\partial^2 u}{\partial t^2} = (\lambda + G) \frac{\partial \Delta}{\partial x} + G\nabla^2 u \\ \rho \frac{\partial^2 \upsilon}{\partial t^2} = (\lambda + G) \frac{\partial \Delta}{\partial y} + G\nabla^2 \upsilon \\ \rho \frac{\partial^2 \omega}{\partial t^2} = (\lambda + G) \frac{\partial \Delta}{\partial z} + G\nabla^2 \omega \end{aligned} \right\} \tag{3-7}$$

式中　∇^2——笛卡尔坐标拉普拉斯算子记号，$\nabla^2 = \frac{\partial^2}{\partial x^2} + \frac{\partial^2}{\partial y^2} + \frac{\partial^2}{\partial z^2}$。

公式（3-7）表示了没有考虑重力的各向同性弹性体中质点的位移和加速度间的关系，这就是应力波的运动方程。

对于具体问题，必须给出一定的初始条件和边界条件才能确定唯一解[34]。初始条件是指$t=0$时的初始位移和初始速度，边界条件可分为三种情况：

① 应力边界条件：根据物体表面所受外力$\vec{F}_i$与表面应力应平衡，有$\vec{F}_i = \sigma_{ij}n_j$。

② 位移边界条件：设表面位移为分量$u_i(s)$，在表面上应满足$u_i = u_i(s)$。

③ 混合边界条件：如果表面某一部分给出的是外力$\vec{F}_i$，其余部分给出的则是位移$u_i(s')$。

总之，弹性波动力学的基本方程给出的是应力、应变及位移间的普遍联系，而当给定初始和边界条件时，就能得到某一初值时的特定规律。

（2）应力波波速

应力波的传播与介质的性质密切相关，下面对各向同性的、连续弹性介质中的应力波波速方程做简单介绍。纵波的波阵面是圆形的，波速一般为横波的两倍左右，纵波的多重反射引起的垂直表面位移最大，应力波检测方法的实现主要依靠的就是纵波的传播，下面首先推导纵波波速方程。

对公式（3-7）中各式用应变代替位移，并分别对 x、y、z 求导，然后将方程合在一起可得：

$$\frac{\partial}{\partial x}\left[(\lambda + G)\frac{\partial \Delta}{\partial x} + G\nabla^2 u\right] + \frac{\partial}{\partial y}\left[(\lambda + G)\frac{\partial \Delta}{\partial y} + G\nabla^2 v\right] + \frac{\partial}{\partial z}\left[(\lambda + G)\frac{\partial \Delta}{\partial z} + G\nabla^2 \omega\right]$$

$$= \frac{\rho \partial}{\partial x}\left(\frac{\partial^2 u}{\partial t^2}\right) + \frac{\rho \partial}{\partial y}\left(\frac{\partial^2 v}{\partial t^2}\right) + \frac{\rho \partial}{\partial z}\left(\frac{\partial^2 \omega}{\partial t^2}\right)$$

或

$$\left[(\lambda + G)\frac{\partial^2 \Delta}{\partial x^2} + G\frac{\partial}{\partial x}\nabla^2 u\right] + \left[(\lambda + G)\frac{\partial^2 \Delta}{\partial y^2} + G\frac{\partial}{\partial y}\nabla^2 v\right] + \left[(\lambda + G)\frac{\partial^2 \Delta}{\partial z^2} + G\frac{\partial}{\partial z}\nabla^2 \omega\right]$$

$$= \frac{\rho \partial^3 u}{\partial t^2 \partial x} + \frac{\rho \partial^3 v}{\partial t^2 \partial y} + \frac{\rho \partial^3 \omega}{\partial t^2 \partial z}$$

最后再求导可得：

$$\left[(\lambda + G)\frac{\partial^2 \Delta}{\partial x^2} + G\nabla^2 \frac{\partial u}{\partial x}\right] + \left[(\lambda + G)\frac{\partial^2 \Delta}{\partial y^2} + G\nabla^2 \frac{\partial v}{\partial y}\right] +$$

$$\left[(\lambda + G)\frac{\partial^2 \Delta}{\partial z^2} + G\nabla^2 \frac{\partial \omega}{\partial z}\right] = \frac{\rho \partial^2}{\partial t^2}\left[\frac{\partial u}{\partial x} + \frac{\partial v}{\partial y} + \frac{\partial \omega}{\partial z}\right] \qquad (3-8)$$

由应变定义可以列出：

$$\frac{\partial u}{\partial x} = \varepsilon_x, \frac{\partial v}{\partial y} = \varepsilon_y, \frac{\partial \omega}{\partial z} = \varepsilon_z \qquad (3-9)$$

将式（3-9）代入式（3-8）有：

$$\left[(\lambda + G)\frac{\partial^2 \Delta}{\partial x^2} + G\nabla^2 \varepsilon_x\right] + \left[(\lambda + G)\frac{\partial^2 \Delta}{\partial y^2} + G\nabla^2 \varepsilon_y\right] + \left[(\lambda + G)\frac{\partial^2 \Delta}{\partial z^2} + G\nabla^2 \varepsilon_z\right]$$

$$= \frac{\rho \partial^2}{\partial t^2}\left[\varepsilon_x + \varepsilon_y + \varepsilon_z\right]$$

整理后可得：

$$(\lambda + G)\frac{\partial^2 \Delta}{\partial x^2} + (\lambda + G)\frac{\partial^2 \Delta}{\partial y^2} + (\lambda + G)\frac{\partial^2 \Delta}{\partial z^2} + G\nabla^2\left(\varepsilon_x + \varepsilon_y + \varepsilon_z\right)$$

$$= \frac{\rho \partial^2}{\partial t^2}\left[\varepsilon_x + \varepsilon_y + \varepsilon_z\right] \qquad (3-10)$$

可以将线应变记号 $\Delta = \varepsilon_x + \varepsilon_y + \varepsilon_z$，拉普拉斯算子记号 $\nabla^2 = \frac{\partial^2}{\partial x^2} + \frac{\partial^2}{\partial y^2} + \frac{\partial^2}{\partial z^2}$ 代入式

（3-10）得：

$$(\lambda + G)\nabla^2 \Delta + G\nabla^2 \Delta = \rho \frac{\partial^2 \Delta}{\partial t^2}$$

可以整理为：

$$\frac{\partial^2 \Delta}{\partial t^2} = \frac{\lambda + 2G}{\rho}\nabla^2 \Delta \tag{3-11}$$

式（3-11）的二阶微分方程表示了以下形式的波速传播：

$$C_P = \left(\frac{\lambda + 2G}{\rho}\right)^{\frac{1}{2}} \tag{3-12}$$

式（3-12）就是在无约束条件下的纵波方程，表示质点以 C_P 的速度在介质中膨胀传播，也通常将 C_P 称为体积声速。

在弹性理论中有：

$$G = \frac{E}{2(1 + \nu)}, \lambda = \frac{\nu E}{(1 + \nu)(1 - 2\nu)}$$

将上式代入式（3-12）就可得出在无限大连续介质中的纵波波速方程：

$$C_P = \left[\frac{(1 - \nu)}{(1 + \nu)(1 - 2\nu)}\frac{E}{\rho}\right]^{\frac{1}{2}} \tag{3-13}$$

式中　C_P——介质中纵波波速；

　　　ρ——介质的密度；

　　　ν——介质的泊松比；

　　　E——介质的弹性模量。

为推导横波（剪切）波速方程，可将式（3-7）中前两个公式分别对 x、y 求导得：

$$\rho \frac{\partial^3 u}{\partial y \partial t^2} = (\lambda + G)\frac{\partial^2 \Delta}{\partial x \partial y} + G\frac{\partial}{\partial y^2}\nabla^2 u \tag{3-14}$$

$$\rho \frac{\partial^3 v}{\partial x \partial t^2} = (\lambda + G)\frac{\partial^2 \Delta}{\partial x \partial y} + G\frac{\partial}{\partial x^2}\nabla^2 v \tag{3-15}$$

用式（3-14）减去式（3-15）整理得：

$$\rho \frac{\partial^2}{\partial t^2}\left(\frac{\partial u}{\partial y} - \frac{\partial v}{\partial x}\right) = G\Delta^2\left(\frac{\partial u}{\partial y} - \frac{\partial v}{\partial x}\right) \tag{3-16}$$

又因为缸体的旋转角位移可以表示为 $\omega_s = \frac{1}{2}\left(\frac{\partial u}{\partial y} - \frac{\partial v}{\partial x}\right)$，代入式（3-16）得：

$$\rho \frac{\partial^2 \omega_s}{\partial t^2} = G\Delta^2 \omega_s$$

所以旋转角位移 ω_T 就以下式传播，即横波的波速方程为：

$$C_S = \left(\frac{G}{\rho}\right)^{\frac{1}{2}} = \left[\frac{E}{2(1 + \nu)\rho}\right]^{\frac{1}{2}} \tag{3-17}$$

式中　C_S——介质中横波波速；

　　　ρ——介质的密度；

ν——介质的泊松比；

E——介质的弹性模量。

表面波的波速同横波波速是有一定比例关系的，$C_R = kC_S$，在这里不再详细讨论：

$$C_R = \frac{0.87 + 1.12\nu}{1 + \nu}C_S \tag{3-18}$$

式中　C_R——介质中表面波波速；

ν——介质的泊松比。

综上，在无限大各向同性的连续弹性介质中的波速方程分别为：

$$C_P = \left[\frac{(1-\nu)}{(1+\nu)(1-2\nu)}\frac{E}{\rho}\right]^{\frac{1}{2}}, C_S = \left[\frac{E}{2[1+\nu]\rho}\right]^{\frac{1}{2}}, C_R = \frac{0.87 + 1.12\nu}{1+\nu}C_S$$

（3）应力波的反射与透射

应力波从一种介质进入相接触的另一种介质，当两种介质的阻抗不同时，将在分界面上发生反射和透射现象。下面将根据分界面上的连续条件及波阵面上的动量守恒条件来求解弹性应力波垂直入射到截面几何形状相同的两种介质上的反射和透射参数[35]。

可以定义广义波阻抗为：

$$Z = \rho c A \tag{3-19}$$

式中　Z——介质的波阻抗；

ρ——介质的密度；

c——介质中应力波波速；

A——截面面积。

假设入射波前方是自由静止状态（无初速度和应力），由于截面的面积相同，直接设第一种介质的波阻抗是$(\rho_0 c_0)_1$，第二种介质的波阻抗是$(\rho_0 c_0)_2$。入射的右行波的强度是σ_1，当入射波到达两种介质交界处时发生反射和透射，反射波强度为σ_2，透射波强度为σ_3。分别在第一种和第二种介质里紧靠着分界面取M、N两点，那么根据动量守恒定理可知，在左侧介质中质点在入射波后、反射波后的速度增量分别是：

$$\nu_1 = \frac{\sigma_1}{(\rho_0 c_0)_1}, \nu_2 = \frac{-\sigma_2}{(\rho_0 c_0)_1}$$

所以反射和入射叠加后紧邻界面左侧的质点M的速度和应力分别是：

$$\nu_M = \nu_1 + \nu_2 = \frac{\sigma_1}{(\rho_0 c_0)_1} - \frac{\sigma_2}{(\rho_0 c_0)_1}, \sigma_M = \sigma_1 + \sigma_2$$

而在接触界面的右侧只存在透射波，质点N的速度和应力分别为：

$$\nu_N = \nu_3 = \frac{\sigma_3}{(\rho_0 c_0)_1}, \sigma_N = \sigma_3$$

根据连续条件还可以知道，质点在分界面上相同位置的速度和应力应该相等：

$$\nu_M = \nu_N, \sigma_N = \sigma_3$$

综合以上各式并整理可得：

$$\sigma_3 = \sigma_1 + \sigma_2$$

$$\frac{\sigma_1}{(\rho_0 c_0)_1} - \frac{\sigma_2}{(\rho_0 c_0)_1} = \frac{\sigma_3}{(\rho_0 c_0)_2}$$

从中就可以解出反射波和透射波的强度及质点的速度增量分别为：

$$\sigma_2 = \frac{(\rho_0 c_0)_2 - (\rho_0 c_0)_1}{(\rho_0 c_0)_1 + (\rho_0 c_0)_2} \sigma_1, \nu_2 = \frac{(\rho_0 c_0)_2 - (\rho_0 c_0)_1}{(\rho_0 c_0)_1 + (\rho_0 c_0)_2} \nu_1 \qquad (3\text{-}20)$$

$$\sigma_3 = \frac{2(\rho_0 c_0)_2}{(\rho_0 c_0)_1 + (\rho_0 c_0)_2} \sigma_1, \nu_3 = \frac{2(\rho_0 c_0)_2}{(\rho_0 c_0)_1 + (\rho_0 c_0)_2} \nu_1 \qquad (3\text{-}21)$$

为了使其简化，可以定义 F 为反射系数，T 为透射系数：

$$F = \frac{(\rho_0 c_0)_2 - (\rho_0 c_0)_1}{(\rho_0 c_0)_1 + (\rho_0 c_0)_2} \qquad (3\text{-}22)$$

$$T = \frac{2(\rho_0 c_0)_2}{(\rho_0 c_0)_1 + (\rho_0 c_0)_2} \qquad (3\text{-}23)$$

将式（3-22）、式（3-23）代入式（3-20）和式（3-21）就可将其表示为：

$$\sigma_2 = F\sigma_1, \nu_2 = -F\nu_1 \qquad (3\text{-}24)$$

$$\sigma_3 = T\sigma_1, \nu_3 = \frac{(\rho_0 c_0)_1}{(\rho_0 c_0)_2} T\nu_1 \qquad (3\text{-}25)$$

观察上式可以发现：透射系数 T 总为正值，所以可以认为透射波的性质必然与入射波的性质相同，但反射系数 F 的正负则需要根据 $(\rho_0 c_0)_1$ 与 $(\rho_0 c_0)_2$ 的大小情况而定，下面将具体讨论材料的波阻抗对应力波反射和透射的影响：

① 当 $(\rho_0 c_0)_1 > (\rho_0 c_0)_2$ 时，这种情况下，$F<0$，$0<T<1$，所以反射波与入射波的应力符号（相位）是相反的，而透射波和入射波的应力符号（相位）虽然相同，但是透射波的幅值要小于入射波，这种情况也就是应力波从"较硬"的材料传入"较软"的材料。

当 $(\rho_0 c_0)_1 \gg (\rho_0 c_0)_2$ 时（第二种材料相当于真空），则 $F \approx -1$，$T \approx 0$，此时不用考虑透射波，入射波的相位与反射波的相位相反但幅值几乎相同，这种情况就相当于应力波在混凝土和空气的界面上发生的自由表面反射。

② 当 $(\rho_0 c_0)_1 < (\rho_0 c_0)_2$ 时，即波从波阻抗小的介质中传播到波阻抗大的介质中的情况。这种情况下就有反射系数 $F>0$，透射系数 $T>1$。所以反射波与入射波的应力符号是相同的，而透射波和入射波的应力符号（相位）虽然相同，但是透射波的幅值要大于入射波。

当 $(\rho_0 c_0)_1 \ll (\rho_0 c_0)_2$ 时，$F \approx 1$，$T \approx 2$，反射波与入射波具有相同的波幅和相位，这种情况也就是应力波从"较软"的材料传入"较硬"的材料。由于钢的波阻抗远远大于混凝土，所以应力波从混凝土界面入射到钢界面就可以看作是这种情况。

③ 当 $(\rho_0 c_0)_1 \approx (\rho_0 c_0)_2$ 时，即两种介质的波阻抗相同。这种情况下就有反射系数 $F \approx 0$，透射系数 $T \approx 1$。所以当应力波到达两种介质的界面时将全部透过，不会产生反射波。

这说明虽然两种不同的介质的 ρ_0 和 c_0 不同，但是只要满足整体波阻抗相同，应力波在通过其界面时还是不会发生反射，这称为波阻抗匹配。这种情况往往出现在混凝土与声阻抗相近的岩石组成的界面以及两种粘结良好的混凝土界面。此外，P 波传播时还可以绕过缺陷继续传播，在界面边缘处产生以边缘末端为中心的以柱面波前形式传播的绕射波，绕射波在内部边缘边界散射。

综上，当应力波通过混凝土与空气这样的界面时，只考虑反射波而忽略透射波；当应力波通过混凝土与钢这样的界面时，既要考虑反射波又要考虑透射波；当应力波通过粘结良好的不同混凝土界面时，只考虑透射波而忽略反射波。

3.2.2　冲击回波法基本原理

利用机械冲击产生低频应力波，将应力波在混凝土构件中的响应通过时域分析或者频谱分析得到构件在混凝土里的埋深或者灌浆密实情况的方法为冲击回波法。主要可以从激发应力波、传播、接收信号分析三部分，如图3-1所示。

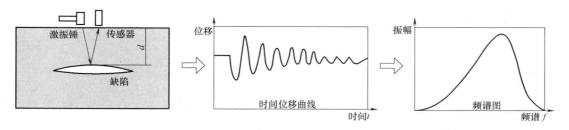

图3-1　冲击回波法检测过程

（1）应力波的激发

在冲击回波法中，用于激发应力波的小锤直径一般在3~30mm之间，在混凝土表面轻轻敲击，产生应力波。由敲击作用在混凝土表面荷载与时间呈半正弦曲线，如图3-2所示，纵坐标表示混凝土受力的大小，横坐标为当敲击时小锤与混凝土接触时间，由于接触时间很短，通常以微秒来计算。

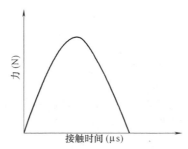

图3-2　施加应力-时间关系图

钢球与混凝土接触时，激发点的应力使质点开始产生形变，在连续弹性体中质点在平衡位置来回运动，连带着周围的质点也跟着运动，使应力波在弹性体内传播。通过球体自由下落赫兹理论近似得到钢球与混凝土的接触时间[36]，为：

$$t_c = 5.97\left[\rho_s\left(\frac{1-\nu_s^2}{\pi E_s} + \frac{1-\nu_p^2}{\pi E_p}\right)\right]^{0.4}\frac{D}{2h^{0.1}} \tag{3-26}$$

式中　ρ——铁球密度（kg/m³）；

　　　D——钢球直径（m）；

　　　h——钢球下落的高度（m），是钢球和混凝土的泊松比；

E_s、E_p——钢球和混凝土的弹性模量（N/m^2）。

在短时情况下，接触时间t_c可以近似看作与激振锤直径D呈线性关系。假设激振锤从距混凝土表面h高度下落作用在混凝土上，则接触时间可表示为：

$$t_c = \frac{0.0043D}{h^{0.1}} \qquad (3-27)$$

一般来说，h取值在0.2m左右，$h^{0.1} = 0.85$近似于1，所以，

$$t_c \approx 0.0043D \qquad (3-28)$$

选用不同直径激振锤引起的应力波最大频率也不相同。当应力波频率f在$1.25/t_c$以内，振幅能量足够进行冲击回波测试，代入到式（3-28），得到：

$$f = \frac{291}{D} \qquad (3-29)$$

式中　f——频率（Hz）；

　　　D——直径（m）。

由此看出，激振锤直径越小，在混凝土作用时间就越短，最大有用频率频带也就越宽。直径越大，在混凝土作用时间较长，频率范围就小。对于不同混凝土强度，不同激振锤激发的频率也不一样，见表3-1[37]。

不同直径激振锤激发频率表（kHz）　　　　　　表3-1

强度等级	弹性模量 E（GPa）	D6 (mm)	D10 (mm)	D17 (mm)	D30 (mm)	D50 (mm)
C20	30.7	43.7	26.2	15.4	8.7	5.2
C30	36.1	46.3	27.8	16.3	9.5	5.6
C40	32.5	47.6	28.5	16.8	9.5	5.7
C50	34.5	48.5	29.1	17.1	9.7	5.8
C60	36.0	49.2	29.6	17.4	9.9	5.9

从表3-1看出，随着强度等级增加，同一小锤激发的应力波频率也逐渐增大。在同一强度等级混凝土，直径越大的激振锤激发的频率越低。在波速一定的情况下，根据$C = \lambda f$，其中C为波速，λ为波长，f为频率，当频率越大，波长就越短，缺陷可以反射小于或等于其宽度的波长，所以频率高的应力波检测精度也比较高，但是能量小，传播的距离较小。相反，频率低的应力波能量较大，传播距离较远。

（2）应力波的传播

在混凝土介质中，应力波以纵波、横波、面波方式进行传播。在前文中已经讲述了纵波、横波、面波表达式，分别为：

$$\begin{cases} C_P = \sqrt{\dfrac{E(1-\nu)}{\rho(1+\nu)(1-2\nu)}} \\[2mm] C_S = \sqrt{\dfrac{E}{2\rho(1+\nu)}} \\[2mm] C_R = \dfrac{0.87 + 1.12\nu}{1+\nu} C_S \end{cases} \qquad (3-30)$$

式中　E——弹性模量；

　　　ν——泊松比；

　　　ρ——密度。

将式（3-30）横波、纵波相比，得：

$$\frac{C_\mathrm{S}}{C_\mathrm{P}} = \sqrt{\frac{1-2\nu}{2(1-\nu)}} \tag{3-31}$$

假设混凝土泊松比为0.2，横波波速与纵波波速比值约为0.61，面波波速与横波比值为0.9117。用有限元软件模拟如图3-3（b）所示，可以看出纵波先传播到底部时，横波在中间偏下位置，大概就是相对宽度的0.6倍位置与实际相符，在表面也能看出横波、纵波耦合形成的面波。

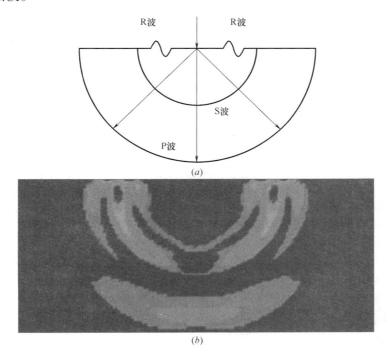

图3-3　应力波传播示意图

在冲击回波法中，传感器与激发点距离较近，在混凝土内部传播的应力波纵波占主要部分，所以只考虑纵波带来的影响。预应力管道和钢筋套筒这两个主要研究的对象中，有混凝土、金属、塑料、空气等介质。这几种介质波阻抗见表3-2。其中，钢的波阻抗最大，混凝土波阻抗次之，且与金属波阻抗值相差较大，塑料波阻抗小于混凝土，空气波阻抗最小。

各材料波阻抗值　　　　　　　　　　　　　　　　　　　　表3-2

材料	波阻抗[kg/(m²·s)]
混凝土	9.2×10^6
钢	45.5×10^6

续表

材料	波阻抗[kg/(m²·s)]
塑料	2.9×10^6
空气	418

当纵波从混凝土介质传播到空气时，就是$Z_2 - Z_1 < 0$时，空气波阻抗远小于混凝土波阻抗，由于反射系数为负，反射波的相位与入射波相反，也就是若入射波为压缩波的性质，产生反射波是拉伸的效果。压缩性质的入射波使表面产生向下的位移，从底部反射是拉伸效果同样让表面产生向下的位移。应力波在混凝土来回反射，形成了具有一定周期性的位移曲线，如图3-4所示。可想而知，纵波在一个周期内传播路径为混凝土厚度的两倍，即：

$$C_P \times T = 2H \tag{3-32}$$

式中 C_P——纵波波速；

   T——周期；

   H——混凝土厚度。

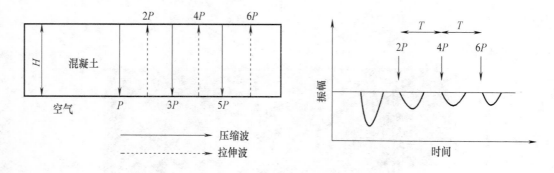

图3-4 混凝土空气界面反射示意图

当纵波从混凝土介质传播到金属中，就是$Z_2 - Z_1 > 0$的情况，金属波阻抗明显大于混凝土，反射波相位不会改变与入射波一致，若入射波具有压缩性质，则反射波也是压缩的性质。入射的压缩效果使混凝土表面位移向下，具有相同性质的反射波从底面传播到顶面产生了正向位移，反射波进入到混凝土空气界面，相位改变，由压缩波转换成拉伸波，则应力波在表面形成正负交替的位移曲线，如图3-5所示。在一个周期内，应力波来回往返4次，故：

$$C_P \times T = 4H \tag{3-33}$$

（3）应力波的信号分析

小锤轻敲混凝土，在混凝土内部传播的应力波当介质阻抗发生改变时，产生反射、折射和绕射到达底部并反射回混凝土表面，由传感器接收得到的位移曲线，进行时域分析。然后可以进行频谱分析，在频率域内进行分析，确定构件的埋深和混凝土的厚度。

传感器在激发点附近，接收到的回波信号绘制成位移曲线首先可以进行时域分析，判断应力波传播到缺陷反射或者从底部回到混凝土表面的时间。

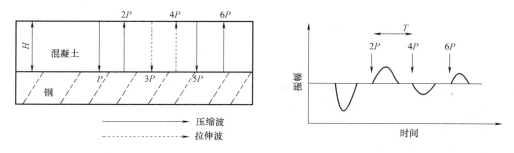

图3-5　混凝土-钢界面反射示意图

在无孔道的混凝土中，应力波直接传播到底部返回，信号由传感器接收，传播路径与混凝土厚度成倍数关系，由反射波引起的位移具有一定的周期性，传感器接收到第一个回波所经历的路程为2H，如图3-6所示。

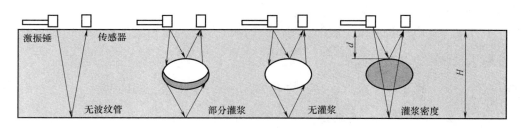

图3-6　冲击回波响应

在有孔道的混凝土中，可以分为孔道内无灌浆、部分灌浆和灌浆密实的情况。在管道无灌浆的情况下，应力波分为两部分，一部分是传播到波纹管，假设波纹管的埋深为d，混凝土厚度为H，在波纹管反射给传感器，传播距离为$2d$；另一部分应力波由于空气在管道中，在波纹管开始发生绕射，绕射过空洞到达底部，并反射又绕射过孔道到达表面，这一部分应力波传播路径将大于混凝土厚度的两倍，传感器接收到回波的时间就长，大于没有孔道时应力波在混凝土的时程。

对于部分灌浆的孔道，管道内存在空洞，空洞相对管道以及激振方向的位置会影响应力的传播。当空洞在孔道顶部、激振点正下方时，即空洞埋深为d，应力波在混凝土内部分为两部分传播，与无灌浆情况类似，一部分是在遇到空洞时反射，传播路径为$2d$，另一部分也是绕射过空洞，到达底部并反射，返回到传感器接收，此时历程用时在无孔道情况和无灌浆情况之间。

对于灌浆密实的情况下，应力波会出现反射和透射现象，一部分传播到底部，传播的路径约为2倍混凝土的厚度，一部分是孔道中钢筋的响应，看作应力波在混凝土金属界面传播，传播路径为4倍钢筋埋深。

频谱分析是提高冲击回波法检测精度的一种方法，是一种对波的分解的手段。一个波形由各种频率的波叠加而成，频谱分析能帮助提取出成分最多的波的频率和相对含量，也就是频谱分析中纵轴表示的振幅，有快速傅里叶变换、最大熵法、小波变换等方法。得到的时域曲线经过频谱分析，波峰的横坐标就对应波的频率，根据频率与周期的关系和式（3-32）、式（3-33），得到：

$$H = \frac{C_P}{2f}$$

$$H = \frac{C_P}{4f}$$

(3-34)

式中　C_P——纵波波速；

f——频谱分析得到的波峰横坐标值；

H——混凝土的厚度。

该公式表达的意思是在混凝土空气界面，一个周期内应力波的传播路径是2倍的厚度，已知纵波在混凝土的速度和混凝土底部频率响应值，就能推算出混凝土的厚度，同理可以求出空洞在混凝土的埋深。在混凝土金属界面，应力波的传播路径为4倍的厚度，已知纵波波速和求得的频率值，就能算出金属在混凝土的埋深。这也就是冲击回波能检测出空洞的位置、构件埋深、底部厚度的关键。

图3-7是在孔道中回波响应经过频谱分析的频率响应图。在无孔道的情况下，频谱中只有一个波峰，对应的是混凝土底部反射的波的频率。在灌浆密实的情况下，应力波穿过波纹管到达底部两个明显的峰值对应的是厚度的频率$f_H = \dfrac{C_P}{2H}$和钢筋的频率$f_S = \dfrac{C_P}{4d}$。在孔道中存在着空洞，由于发生绕射，厚度的频率响应将小于灌浆密实的情况，也就是向低频偏移，对应的空洞频率$f_V = \dfrac{C_P}{2d}$来计算。通常式（3-34）要乘以一个截面形状参数，板状结构通常乘以0.96。

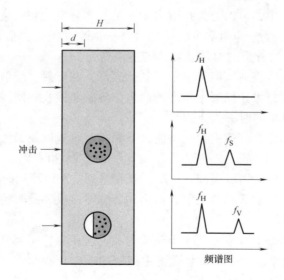

图3-7　冲击回波法频域响应

对于有一定长度的混凝土构件，单点检测显然是不够的，所以在混凝土长度方向布置测线，逐点扫描式的激发、传播、检测，再将每个点的检测结果综合起来，这样检测的精度将更高，每个点检测的结果就好比混凝土上一个切片，将逐点检测的结果综合起来就能够判断出缺陷的长度。

3.3　冲击回波法的检测方法

相对于放射线法、电磁雷达法、超声波法等，在后张法有粘结预应力孔道压浆密实度检测方面，冲击回波法检测效率快、范围大、成本低、可靠性和准确度好。冲击回波法包括定性检测法和定位检测法，以定性检测为主，必要时才需进行定位检测。

定性评价主要针对孔道是否压浆和是否有大面积缺陷进行评价；定位评价主要针对孔道具体缺陷大小、缺陷类型以及缺陷长度进行评价。

常见的压浆缺陷分为以下四个等级（图3-8）：

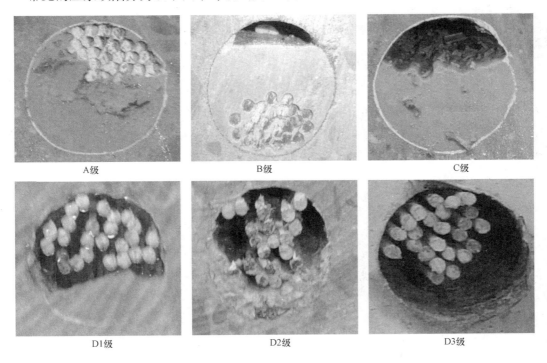

图3-8　压浆缺陷等级

A级：注浆饱满或波纹管上部有小蜂窝状气泡、浆体收缩等，与钢绞线不接触；

B级：波纹管上部有空隙，与钢绞线不接触；

C级：波纹管上部有空隙，与钢绞线相接触；

D级：波纹管上部无砂浆，与钢绞线相接触并严重缺少砂浆。D级又可细分为D1、D2和D3级，分别对应于大半空、接近全空和全空。

其中，C级和D级对钢绞线的危害很大。而A级、B级尽管对钢绞线的锈蚀影响较小，但也会对应力传递和分布产生不利影响。在实际应用中主要检测C级和D级缺陷。

根据目前各个地方规范的要求，对预制梁板通常进行定性和定位检测，对现浇梁则主要进行定位检测。

3.3.1 预应力孔道压浆密实度评价依据

预应力孔道压浆密实度检测技术从2010年在国内兴起，经过不断发展，于2015年山西最早颁布相应规程，后续至今云南、河北、福建、浙江颁布行业规程。其他省份地方标准也陆续处于编写、审核阶段。现有规程如下：

（1）《桥梁预应力孔道注浆密实性无损检测技术规程》DB14/T 1109—2015

（2）《桥梁预应力管道注浆密实度检测技术规程》DB53/T 811—2016

（3）《桥梁预应力孔道注浆密实质量检测技术规程》DB13/T 2480—2017

（4）《公路混凝土桥梁预应力施工质量检测评定技术规程》DB35/T 1638—2017

（5）《冲击回波法检测混凝土缺陷技术规程》JGJ/T 411—2017

（6）《公路桥梁后张法预应力施工技术规范》DB33/T 2154—2018

由于各省份施工材料、施工技术、条件等各不相同，其评价技术略有差异。

3.3.2 预应力孔道压浆密实度评定流程

预应力孔道压浆密实度评定流程应该根据现场实际情况选择适当的测试方法后加以评定。就整体而言，应当采用定性检测结果和定位检测结果结合进行评价。具体评定流程如图3-9所示。

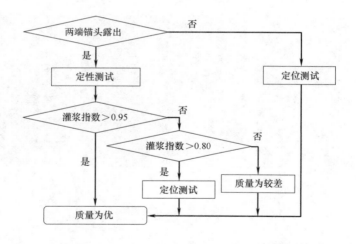

图3-9 孔道压浆密实度评定流程

3.3.3 定性检测

定性检测应用的方法为全长波速法（FLPV），是指利用波的传播特性，通过计算波动信号（一般指冲击弹性波波动信号）贯穿整个预应力灌浆孔道的平均波速值来评价灌浆饱满度的一种方法[38]，其基本原理是指在预制梁还未完全封锚前，利用激振锤或者激振锥对梁板端头露出的钢绞线或者锚具进行激振，观察弹性波在孔道内传播的波速、能量、波形特征等，得出孔道内的整体压浆质量。由于预制梁孔道内压浆缺陷一般出现在孔道上部，所以在激振时，应在孔道最上面的一根钢绞线或者锚具上部进行激振，激振方向与梁板方向平行。

如图3-10所示，定性检测需要两个传感器，对应固定在孔道两端最上面的一根钢绞线上。敲击端传感器用于接收激振的初始信号，接收端传感器则接收弹性波在孔道内传播衰减后的信号。该法只有在梁体两端预应力钢束锚头外露时才能进行定性检测。定性检测法的原理是根据孔道压浆密实度与波振幅、波速、振动频率等的函数关系，计算压浆密实度指数 I。当 $I=1$ 时，表示孔道内压浆密实、饱满；当 $I=0$ 时，表示孔道内完全空洞、无浆。通常 $I \geq 0.95$ 时，表示压浆质量较好，孔道压浆无需处理。

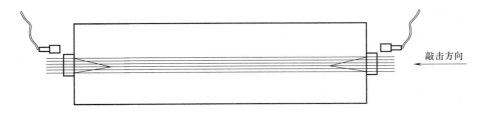

图3-10　定性检测示意图

检测时，先在孔道两侧固定传感器（若孔道已经用砂浆封锚，则需要先把封锚砂浆凿掉，至少露出最上面一根钢绞线）。在接收端锚具或最上面一根钢绞线进行激振，观察信号是否正常，若信号正常则保存数据；若信号杂乱应排查造成信号杂乱因素，并重新采集。一般情况下，一个孔道保存5~8个有效数据即可。通常，现场只要两个通道的信号前端平滑，首波清晰，则可以作为有效数据，如图3-11所示。

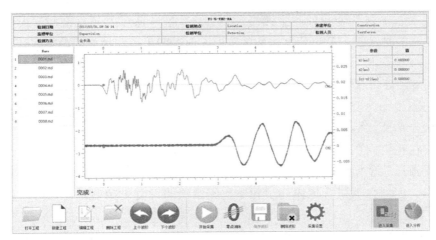

图3-11　定性检测正常波形图

在进行一个批次的梁板检测时，还需要对该批次梁板进行波速标定，确定在孔道灌浆密实时，弹性波在梁板内传播的波速及频率。具体操作和定性检测相似，只是传感器需要避开有波纹管的位置，保证弹性波不穿过预应力孔道，这样采集到的波速和频率可以认为是弹性波在密实孔道内传播的波速和频率。通常，将两个传感器都用手按在最上面一个孔道上方，并直接用激振锤敲击。

定性检测的优势在于，通过一次激振就可以同时得到波速、能量、波形特征三个参数，从而得出孔道内的综合压浆指数。由于弹性波在板状构件中传播时会优先选择传播速度最快的路径，即梁板内结构强度最大的腹板。因此当梁板过长时，无论孔道内有无缺陷，弹性波都会沿着腹板传播，检测出来结果都会是显示饱和的。所以定性检测通常应用于长度40m以下的孔道，并且又分为波速法和频率法。

（1）波速法评价预应力孔道压浆密实度

波速法顾名思义指利用波速来评价压浆密实度情况。通过在孔道两端钢绞线上放置传感器，可以测得弹性波信号在孔道内传播时间，结合孔道长度可以计算出弹性波传播波速。通常情况下，弹性波在孔道内传播可视为一维传播状态，其波速计算可以通过公式计算可得：

$$V = \sqrt{\frac{E}{\rho}} \tag{3-35}$$

式中　E——材料弹性模量；

　　　ρ——材料密度。

通过计算可得，弹性波P波在钢绞线内传播波速约为5000m/s，在混凝土内传播的波速与混凝土的弹性模量存在相关性，一般情况下，强度等级越高的混凝土其弹性波波速越大，C50混凝土弹性波波速一般为4000~4600m/s（个别地方存在差异）。在孔道内未压浆的情况下，弹性波沿着钢绞线传播，测得波速为钢绞线波速；在孔道压浆密实情况下，弹性波在钢绞线与压浆料混合体内传播，测得波速接近混凝土波速。因此，通过孔道内测试波速与钢绞线和混凝土波速对比，可以得到波速压浆指数。

根据理论研究结果，压浆密实度在0~40%时，测试波速明显提高。但当压浆密实度超过40%以后，波速的变化就非常缓慢。换言之，波速法仅对压浆密实度很低的工况有效。需要注意的是，为了简化计算，各评价标准体系中采用线性插值的方式计算其波速压浆指数。

（2）频率法评价预应力孔道压浆密实度

频率法通过弹性波频率来评价压浆密实度情况。通过在孔道两端钢绞线上放置传感器，可以测得弹性波信号传播频率，通过频率的变化分析得到压浆指数。

因此，在孔道内压浆不密实的情况下，弹性波沿着钢绞线传播，测得频率为钢绞线频率；在孔道压浆密实情况下，弹性波在钢绞线与压浆料混合体内传播，测得频率接近混凝土频率。因此，通过孔道内测试频率与钢绞线和混凝土频率对比，可以得到频率压浆指数。

最后，通过综合分析波速压浆指数和频率压浆指数，可以得到综合压浆指数，即可完成对预应力孔道压浆质量的定性分析。灌浆孔道的两端口是比较容易出现灌浆缺陷的位置，因此频率法具有较大的实际意义。然而，钢绞线的自振频率不仅取决于灌浆密实度，还与钢绞线的张力、自由端长度等有关。当钢绞线未充分张拉，或者未灌浆部分过长时，其自振频率反而可能降低。因此，当自振频率过低时，也应注意是否张拉不到位或者缺陷段过长。

为了简化计算，现有各规范均采用线性插值计算其综合压浆指数。在通常情况下，各分项压浆指数可参考表3-3线性插值。

灌浆指数的基准值   表 3-3

方法	项目	全灌浆时值	无灌浆时值
波速法	波速（km/s）	混凝土实测波速①	5.00②
频率法	接收端频率（kHz）	2③	4.00

① 不同强度等级、不同部位的混凝土的P波波速有一定的不同；

② 根据钢绞线的模量（196GPa）推算，并结合实际测试验证；

③ 接收端信号的频率（kHz）。采用LT-PCGT 配置的激振导向器和D40锤激振而且充分张拉时的数值。

3.3.4 定位检测

定位检测是基于冲击回波法（Impact Echo Method，简称IE法）。该方法是20世纪80年代末发展起来的，针对结构内部缺陷的一种非常有效的检测手段。早在20世纪60年代，美国国家标准和技术研究所（National Institute of Standards and Technology，NIST，也被称为美国国家标准局，National Bureau of Standards，NBS）就针对结构的无损检测技术进行了研究，并在传统的工业无损检测技术（如X射线、超声波、磁粉等）的基础上提出了相应的标准。自1983年起，NIST将研究重点放在了混凝土结构中的缺陷检测，但是，NIST在研究中发现，既存的检测手段不适合混凝土内部缺陷的检测。通过对各类技术手段的对比，基于应力波（后来被称作弹性波）的检测技术由于波长较长，且能够反映力学特性而被作为了技术基础（Carino and Sansalone，1984），其研究成果则由于"冲击回波法"（Sansalone and Carino，1986）而广为人知。1997年，Sansalone和Streett发表的著作中全面阐述了IE法的理论、室内和现场试验结果。在此基础上，20世纪90年代末期，NIST和康奈尔大学共同发布了IE法的标准草案，并于1998年成为ASTM标准（ASTM C1383）。

然而，IE法在应用时也遇到了诸多困难，往往无法检出灌浆缺陷。其原因在于两个方面：

一方面，由于波纹管的存在，严重干扰了反射波。特别是铁皮波纹管，由于铁皮与缺陷的阻抗相反，使得两者的反射有互相抵消的趋势，使得反射信号变得更加微弱。

另一方面，传统的IE法通常采用FFT作为频谱分析的手段。但FFT对微弱信号的低分辨率进一步阻碍了其对缺陷的检出。

为此，在引入了传统的IE法的基础上，进行了改进和扩展形成多项新技术。大量的试验验证和现场应用表明，MEM法（最大熵法）可以较好地识别压浆缺陷。

定性检测效率高，但测试精度和对缺陷的分辨率好较差；而定位检测测试效率相对较低，但其测试精度高、分辨率好，适用范围较广，能够准确定位并一定程度量化缺陷大小。因此，根据检测目的，可以选择一种检测方法，也可以两种方法配合使用，达到效率与精度的平衡。但总体而言，在条件许可时，推荐优先采用定位检测。

定位检测是指通过在腹板上波纹管所在位置进行激振，通过逐点扫描的形式，确定孔道内存在灌浆缺陷的具体位置，如图3-12所示。

图3-12中星号位置表示传感器安放位置，圆圈位置表示激振锤激振位置，传感器和激振位置一般间隔20cm（可根据检测需要调节，一般间距在10~40cm，间距越小，精度越

高）。检测时，先按住传感器于星号点，按稳后在激振点进行一次激振，待采集到光滑稳定、首波清晰的信号后，将传感器移至下一个点，重复操作，便可完成灌浆密实度定位检测如图3-13所示。

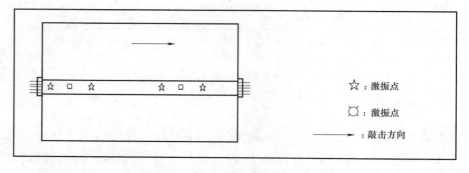

☆：激振点

▢：激振点

➝ ：敲击方向

图3-12　灌浆密实度定位检测示意图

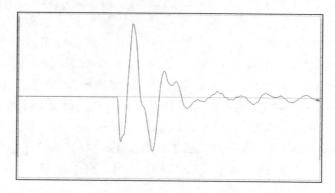

图3-13　定位检测正常波形图

定位检测的基本原理在于，当孔道内存在压浆缺陷时，弹性波会在缺陷处发生提前反射，使传播时间变短，或者沿着波纹管孔道发生绕射，导致传播时间加长。如图3-14所示，当孔道内灌浆密实时，弹性波会直接穿过预应力孔道，此时弹性波走过的距离刚好是腹板厚度；当孔道内存在小范围灌浆缺陷时，弹性波会在缺陷处发生提前反射；当孔道内存在大范围灌浆缺陷或者未灌浆时，弹性波除了会在波纹管管壁处发生提前反射外，还会沿着波纹管管壁发生绕射，发生绕射时，弹性波走过的距离增长，反射时间会滞后。

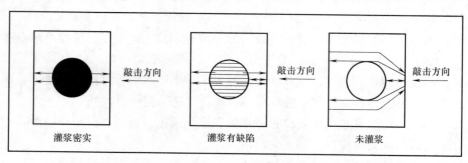

灌浆密实　　　　　　　灌浆有缺陷　　　　　　　未灌浆

图3-14　定位测试原理图

定位检测的结果是用彩色云图来显示的，如图3-15所示。黄色直线表示梁板实际厚度，图右边反射区域刚好和黄色辅助线重合，表示弹性波发生反射的位置刚好在梁板底部，说明弹性波是直接穿过孔道发生的反射，符合图3-14中灌浆密实的情况，所以图右边反射位置和黄色辅助线重合的区域是没有灌浆缺陷的。图左边的反射区域相比黄色辅助线位置发生了滞后，说明弹性波比正常传播所用的时间长，发生了沿着波纹管的绕射，符合图3-14中未灌浆的情况，所以图左边的反射位置是存在灌浆缺陷的。

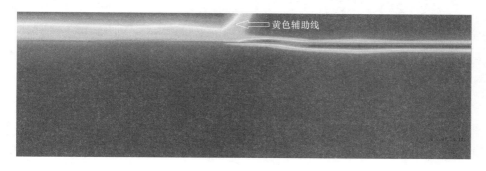

图3-15　灌浆密实度定位检测云图

其中，黄色辅助线的位置需要进行定位标定来确定，标定时也需要避开波纹管位置，可选择在两个波纹管中间部位布置标定测线，标定操作与定位检测操作相同。定位标定主要是确定弹性波在腹板中传播的波速（不可直接用定性检测波速，二者可能存在差异），在标定分析时，调节弹性波波速至红色反射区域与黄色辅助线重合，便完成了定位标定。

3.4　冲击回波法的工程实例

为检验测试结果准确性，对模型梁及实体梁进行验证后，显示测试结果与实际缺陷位置基本吻合，预应力孔道压浆密实度检测对孔道内部质量缺陷修补处理具有一定的指导意义。

3.4.1　模型验证试验

为检验预应力孔道压浆密实度质量检测仪的检测效果，于2018年8月22日~24日，采用实体模型箱梁进行了验证工作。

本次试验共检测3片试验梁，其中1号试验梁检测LN2、RN2两个孔道，孔道呈空洞状；2号试验梁检测LN2、RN2两个孔道，其中RN2孔道呈密实状，LN2孔道内压浆料呈粉末状；3号试验梁各孔道均为密实状，只检测LN2孔道。各试验梁结构尺寸如表3-4所示。

试验梁结构尺寸信息　　　　　　　　　　　　　　　　表3-4

梁段编号	长度（m）	结构尺寸			
		等厚段	厚度1	厚度2	渐变长度
1号梁段	3.15	—	0.23	0.17	1.37
2号梁段	3.37	—	0.22	0.18	0.9
3号梁段	4.49	0.8	0.24	0.17	0.82

预应力孔道压浆密实度检测技术

（1）测试方式

　　为充分保证测试结果的可比性与可靠性，在原来只以沿孔道方向为测试方向的基础上，增加了同断面竖向检测以及类似于测回弹强度的"田"字形检测方法，依据此方法检测结果分析图，可以明显得到预设缺陷和密实位置图像的差异性，从而验证检测设备的可靠性。测试方式如图3-16~图3-18所示。

(a)

(b)

(c)　　　　　　　　　　　　　　　　*(d)*

图3-16　试样梁外观照片（一）

60

图3-16　试样梁外观照片（二）

图3-17　孔道方向测试图

图3-18　竖向测试图（标记处为缺陷位置）

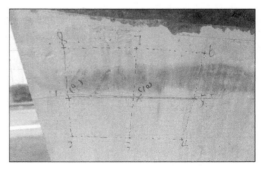

图3-19　"田"字格测试图（第1、5、
9、10点为缺陷位置）

（2）现场测试数据结果汇总（表3-5）

数据汇总表 表3-5

梁段编号	测试孔道编号	测试编号	定位测试结果	测试孔道实际情况	效果评价
1号梁段	LN2	1	空洞	空洞	一致
		2	空洞		一致
		3	空洞		一致
		4	空洞		一致
		5	空洞		一致
	RN2	1	空洞	空洞	一致
		2	空洞		一致
		3	空洞		一致
		4	空洞		一致
		5	空洞		一致
	梁端竖向	1	第2点位置空洞	第2点位置空洞	一致
		2	第2点位置空洞		一致
		3	第2点位置空洞		一致
		4	第2点位置空洞		一致
		5	第2点位置空洞		一致
	梁端田字	1	第1、5、9、10点位置空洞	第1、5、9、10点位置空洞	一致
		2	第1、5、9、10点位置空洞		一致
		3	第1、5、9、10点位置空洞		一致
		4	第1、5、9、10点位置空洞		一致
		5	第1、5、9、10点位置空洞		一致
2号梁段	LN2	1	密实	密实	一致
		2	密实		一致
		3	密实		一致
		4	密实		一致
		5	密实		一致
	RN2	1	不密实	不密实,压浆料呈粉末状	一致
		2	不密实		一致
		3	不密实		一致
		4	不密实		一致
		5	不密实		一致
	梁端竖向	1	密实	密实	重复性一致
		2	密实		重复性一致
		3	密实		重复性一致
		4	密实		重复性一致
		5	密实		重复性一致

续表

梁段编号	测试孔道编号	测试编号	定位测试结果	测试孔道实际情况	效果评价
3号梁段	RN2	1	密实	密实	一致
		2	密实		一致
		3	密实		一致
		4	密实		一致
		5	密实		一致
	LN2	1	密实	密实	一致
		2	密实		一致
		3	密实		一致
		4	密实		一致
		5	密实		一致

现场测试结果如表3-5所示，通过分析得出预应力孔道压浆密实度设备具有良好的重复性和准确性，重复率和准确率均为100%。

（3）部分结果附图（表3-6）

1号试验检测结果   表3-6

孔道	结果图	备注
左侧竖向	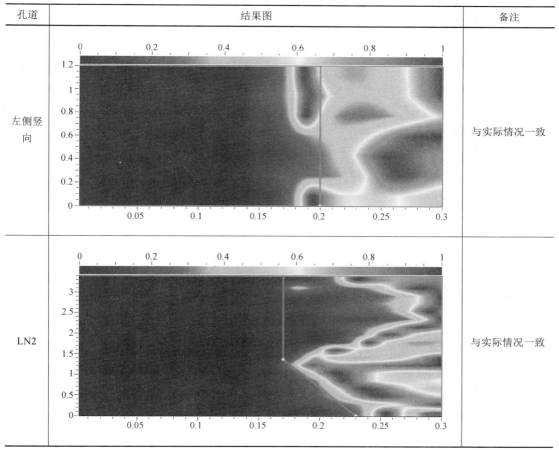	与实际情况一致
LN2		与实际情况一致

孔道	结果图	备注
RN2	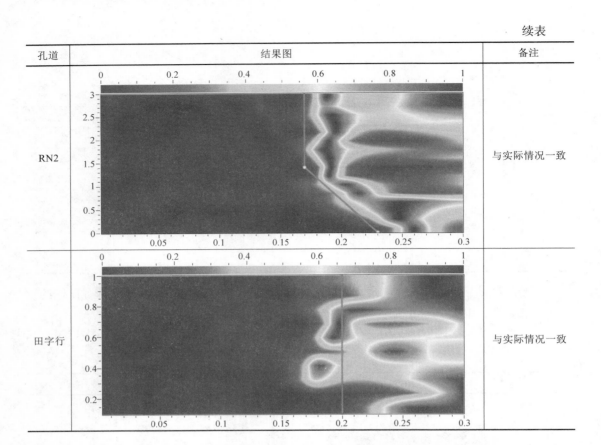	与实际情况一致
田字行		与实际情况一致

3.4.2 现场梁试验检测验证

通过对现场大量梁进行检测，发现部分孔道存在未压浆、泌水、浆料不凝固等缺陷，通过对缺陷进行及时修补处理，最终确保工程质量安全。

（1）某预制梁场孔道无压浆料验证案例

应业主单位邀请，技术人员对甘肃省内某改造工程某预制梁场25m箱梁进行压浆密实度定位检测。测试孔道波纹管材质为铁皮，壁厚为由30cm渐变至18cm，测试长度为距端头位置7.5m。技术人员现场测试并分析数据发现测试梁中某束预应力孔道存在严重灌浆缺陷，孔道缺陷长度约为7.0m，仅端头位置0.5m范围内压浆密实，如图3-20所示。

为确定检测结果准确性，在距端头约7.5m位置处进行现场开窗验证，结果如图3-21所示。验证结果发现孔道内部无灌浆料，测试结果与实际结果吻合。随即施工单位根据病害进行二次补浆处理，确保工程质量。

（2）某预制梁场孔道浆料不凝固验证案例

技术人员对甘肃省内某预制梁场25m箱梁进行压浆密实度定位检测。测试孔道波纹管材质为铁皮，壁厚为由30cm渐变至18cm，测试长度为端头5m；技术人员现场测试并分析数据发现测试梁中有束预应力孔道存在严重灌浆缺陷，孔道缺陷长度约为3.5m，如图3-22所示。

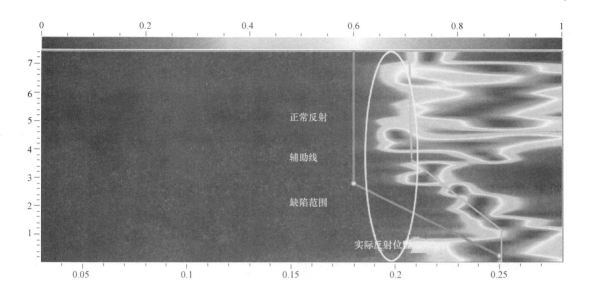

图3-20　孔道测试结果云图

图3-21　开窗验证结果图

为验证结果准确性，在距端头约3m位置处进行开窗验证，结果如图3-23所示。验证结果显示，孔道内部浆料基本饱满，但该处位置浆料未凝固。

（3）孔道泌水案例

检测单位在现场检测过程中，发现部分孔道存在压浆缺陷，如图3-24所示。应业主单位要求，随即对存在缺陷位置进行打孔验证，如图3-25所示。当钻头打破波纹管皮时，现场即有大量水流出。

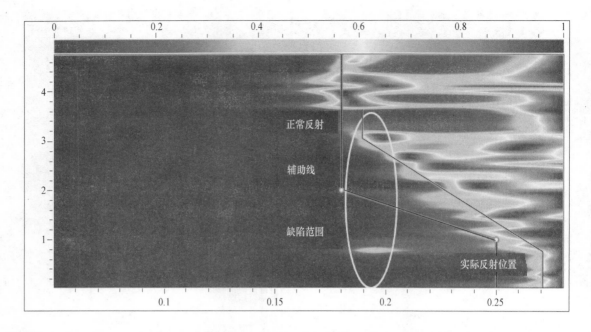

图3-22　孔道测试结果云图

图3-23　开窗验证结果

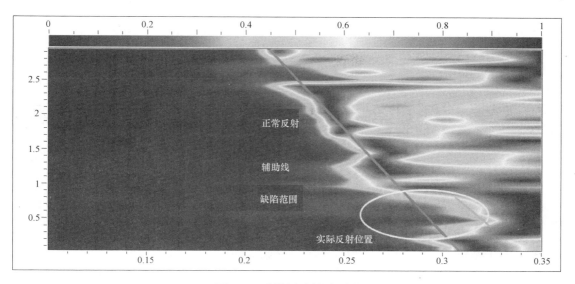

图3-24   孔道测试结果云图

图3-25   打孔验证结果

第4章　探地雷达法预应力孔道压浆密实度检测技术

4.1　引言

在桥梁预应力混凝土结构中，预应力管道、预应力钢筋、灌浆材料与混凝土结构之间需要良好的粘结性以保证协同工作，同时减少预应力损失、防止预应力筋锈蚀、延长梁体结构的使用寿命。然而在实际施工中，由于孔道压浆技术控制不好或者管理不好，往往会出现注浆不饱满、气孔较多的现象，甚至孔道内积水，从而造成了预应力损失、预应力钢筋锈蚀甚至断裂、影响结构的使用年限及行车的安全，因此，预应力孔道压浆密实度的检测成了保证桥梁使用安全和寿命的重要环节[39]。

目前预应力孔道压浆密实度无损检测[40]的方法有超声波法、冲击回波法、地质雷达法等。预应力桥梁梁板用的波纹管分为塑料和金属两种材质，其中超声波法和冲击回波法对金属波纹管的检测效果较好。塑料波纹管对机械波有较强的反射，导致机械波难以穿透管壁，无法对塑料波纹管内压浆质量进行检测。而电磁波能够很好地穿透塑料波纹管，同时探地雷达具有扫描面积大、检测速度快、效率高、检测表面无须进行特殊处理、无须耦合剂而且结果可用图像直观显示等优点。因此，在20世纪90年代，Bungey等人就利用地质雷达对塑料波纹管注浆质量进行了检测，2006年，Conner等使用1500MHz天线成功检测出塑料波纹管内存在的缺陷。化得钧等通过正演模拟得到了预应力管道内存在空洞时的图像特征，在湖南省大浏高速公路白石高架桥检测中得到了验证。

本章对探地雷达的工作原理进行了介绍，并且阐述了其技术参数和在实际工作中的检测参数，通过对探地雷达检测预应力孔道压浆质量的数值模拟，分析了混凝土预应力孔道灌浆中存在的缺陷的图像进行了归纳总结，并在后续的试验以及工程检测实例中得出，探地雷达法用来检测孔道注浆质量是可行的。

4.2　探地雷达检测技术

4.2.1　探地雷达的基本理论

（1）波动方程[40, 41]

探地雷达采用脉冲的高频电磁波进行探测。根据电磁波传播理论，高频电磁波在介质中的传播服从麦克斯韦方程。即：

$$\nabla \times E = -\frac{\partial B}{\partial t} \tag{4-1}$$

$$\nabla \times H = J + \frac{\partial D}{\partial t} \tag{4-2}$$

$$\nabla \cdot B = 0 \tag{4-3}$$

$$\nabla \cdot D = \rho \tag{4-4}$$

式中　ρ——电荷密度（C/m³）；

J——电流密度（A/m²）；

E——电场强度（V/m）；

D——电位移（C/m²）；

B——磁感应强度（T）；

H——磁场强度（A/m）。

式（4-1）为微分形式的法拉第电磁感应定律；式（4-2）为安培电流环路定律，其中引入 $J_d = \partial D/\partial t$ 称为位移电流密度。式（4-3）和式（4-4）分别称为磁荷不存在定律和电场高斯定律[42]。

要充分地确定电磁场的各场量，求解上述方程的四个参数是不够的，必须补充介质的本构关系。介质是由分子或原子组成，在电场和磁场的作用下，会产生极化和磁化现象。由于介质的多样性，本构关系也相当复杂。最简单的介质是均匀、线性和各向同性介质，其本构关系为：

$$J = \sigma E \tag{4-5}$$

$$D = \varepsilon E \tag{4-6}$$

$$B = \mu H \tag{4-7}$$

式中　σ——电导率（S/m）；

ε——介电常数（F/m）；

μ——磁导率（H/m），均为标量常量，也是反映介质电性质的参数。

探地雷达通常采用高频脉冲电磁波进行探测，所遇的介质一般可以简化为各向同性介质。结合介质的本构关系，可以把麦克斯韦方程写成只含有两个矢量场的形式，即：

$$\nabla \times E = -\mu \frac{\partial H}{\partial t} \tag{4-8}$$

$$\nabla \times H = J + \varepsilon \frac{\partial E}{\partial t} \tag{4-9}$$

$$\nabla \cdot (\mu H) = 0 \tag{4-10}$$

$$\nabla \cdot (\varepsilon E) = \rho \tag{4-11}$$

这个已包含本构关系在内的方程组称为限定形式的麦克斯韦方程组。

麦克斯韦方程组描述了场随时间变化的一组耦合的电场和磁场。输入一个电场时，变化的电场产生变化的磁场。电场和磁场相互激励的结果是电磁场在介质中传播。探地雷达利用天线产生电磁场能量在介质中传播，根据麦克斯韦方程，以及上述本构关系，可以得出：

$$\nabla \times \nabla \times E + \mu \sigma \frac{\partial E}{\partial t} + \mu \varepsilon \frac{\partial^2 E}{\partial t^2} = 0 \tag{4-12}$$

$$\nabla \times \nabla \times H + \mu\sigma \frac{\partial H}{\partial t} + \mu\varepsilon \frac{\partial^2 H}{\partial t^2} = 0 \qquad (4\text{-}13)$$

上述方程称为电磁场的亥姆霍兹方程，表征了电磁波的传播方式。根据这两个方程，可以得到如下的认识：

① 电场E和磁场H是以波动形式运动的，它们共同构成电磁波。

② 对于探地雷达，源天线中的电流密度变化，产生电磁波，并向外辐射。

③ 亥姆霍兹方程共有三项，第一项表征电磁波随空间的变化，第二项表征传导电流的贡献，第三项表征位移电流的贡献。

④ 亥姆霍兹方程与数理方程中的标准波动方程（$\nabla^2 u - \frac{1}{v^2}\frac{\partial^2 u}{\partial t^2} = 0$）比较，可知电磁波的传播速度为：$v = \frac{1}{\sqrt{\mu\varepsilon}}$。

⑤ 凡是波都可以脱离波源而独立传播，在这点上，电磁波与弹性波、声波一样。但电磁波在真空中也可以传播，这与弹性波不同。在探地雷达的数字模拟中，边界条件与弹性波等有一定的差别，即不存在自由边界的问题。

（2）反射系数

探地雷达向介质内部发射高频电磁波，在缺陷部分电磁特性会发生变化，电磁波反射后被接收天线接收，电磁波的反射系数R可由如下公式表示：

$$R = \frac{\sqrt{\varepsilon_1}\cos\theta_1 - \sqrt{\varepsilon_2}\cos\theta_2}{\sqrt{\varepsilon_1}\cos\theta_1 + \sqrt{\varepsilon_2}\cos\theta_2} \qquad (4\text{-}14)$$

式中　ε_1——入射端介质的介电常数；

　　　ε_2——折射端介质的介电常数；

　　　θ_1——电磁波入射角；

　　　θ_2——电磁波折射角。

因此，ε_1与ε_2差别越大，则电磁波的反射系数R就会越大，界面处产生的反射回波信号也就会越强烈。

4.2.2　探地雷达的技术参数

（1）探地雷达的分辨率

雷达分辨最小异常物的能力就是雷达的分辨率。它有垂直与水平两种方向的分辨率[43-45]。

① 垂直分辨率

垂直分辨率就是雷达在垂直方向能够区分两个反射界面的最小距离。垂直分辨率越高，它越能反映出的薄夹层厚度越薄，所以它主要用来揭示薄夹层的存在。由widess模型得知，垂直分辨率的极限一般为$\lambda/8$，但由于干扰噪声等因素的影响，一般垂直分辨率的下限为$\lambda/4$。

当结构厚度小于$\lambda/4$时，反射波形的变化很小。在这种情况下，结构厚度正比于反射振幅。

当结构厚度等于$\lambda/4$时，来自顶、底界面的反射波发生相长性干扰，其复合波形的振幅达到最大值。

当结构厚度大于$\lambda/4$时，复合反射波的第一个波谷与最后一个波谷的时间差正比于结构厚度。此情况下，结构厚度可以通过顶界反射波的初波和底界反射波的初波R_2之间的时间差确定出来。

② 水平分辨率

水平分辨率就是雷达在水平方向上所能够分辨的最小异常体的尺寸。根据波的干涉原理，法线反射波与第一Fresnel带外缘的反射波的光程$\lambda/4$（双程光路），反射波之间发生相长性干涉，振幅增强。而第二Fresnel带内的反射则发生相消性干涉，振幅减弱。当反射界面的埋深为H，雷达子波的波长为λ，发射、接收天线间的距离远小于H时，第一Fresnel带的直径可按下式计算：

$$d_F = \sqrt{\lambda H/2} \tag{4-15}$$

由上式可知d_F是水平分辨率的最小尺度。当目标体埋深越大，雷达波频率越低，波长越长，d_F则越大，水平分辨率越低，反之，水平分辨率越高。

探地雷达的垂直和水平分辨率大小影响着混凝土构件的检测精度，雷达所用天线的工作频率和介质的吸收特性又直接影响着它的分辨率，而天线频率的选用主要是根据被测结构物的厚度、该缺陷所处位置和检测的最小缺陷尺寸三者综合来选定；吸收特性主要取决于介质的电磁波的频率、电导率、电容率及磁导率等。由于电磁波在有耗介质中传播，其能量因介质的吸收、散射而迅速衰减，并且频率越高，衰减越快。所以选择低频天线工作可以使探测的深度变大，但其分辨率也随之降低。因此要根据其分辨的最小尺度及目标深度综合考虑来选择天线工作频率。不能只为追求大的探测深度从而使用低频天线，这样就牺牲必须分辨的最小目标。也不能盲目追求高分辨率从而使用高频天线，这样就会使所用天线的探测有效深度达不到欲探测目标体的深度。

（2）探地雷达的探测方式

剖面法、共中心点法和宽角法是目前双天线雷达最常用的三种探测方式。

① 剖面法

发射天线（T）和接收天线（R）以固定间隔距离沿测线同步移动的一种探测方式，如图4-1所示。每同时移动一次发射和接收天线便获得一个记录。当发射天线与测量天线同步沿测线移动时，一个个记录连接起来便可以得到探地雷达时间剖面图像。

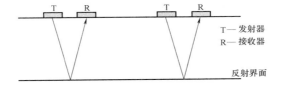

图4-1　剖面法观测方式

② 共中心点法

共中心点法就是两天线在被测物同一面从零天线距开始，向测线两端等距离移动，如图4-2所示。用此法主要是求电磁波在结构介质中的传播速度。

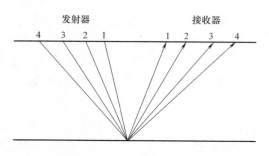

图4-2　共中心点法观测方式

③ 宽角法

宽角法是当一个天线固定在地面某一点上不动，而另一个天线沿测线移动，记录地下各个不同层面反射波的双程走时。如图4-3所示，此方法也是用来测定电磁波在结构体介质的速度。

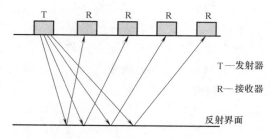

T——发射器

R——接收器

反射界面

图4-3　宽角法观测方式

（3）探地雷达的探测深度

探地雷达的探测深度就是探地雷达所能探测到最深的目标体的深度。当雷达系统选定后，系统的增益 $Q = W_t/W_r^n$（W_t 为仪器的发射功率，W_r^n 为接收系统背景噪声功率）就确定了，于是雷达系统只能识别到达接收器的幅度大于 W_r^n 的回波信号，所以探测深度就归结为求目标体回波的大小。

雷达天线的接收功率为：

$$W_r = W_t \eta_t \eta_r G_t G_r \sigma_s G_s \frac{\lambda^2}{64\pi^3 r^4} e^{-4\beta r} \qquad (4-16)$$

式中　η_r、η_t——接收天线和发射天线的效率；

　　G_r、G_t、G_s——接收天线的方向增益和发射天线的方向增益及散射增益；

　　　　σ_s——目标体的散射截面；

　　　　r——天线与目标体的间距；

　　　　β——介质吸收系数。

该式又称为雷达探距公式，但该式需要的参数太多，而且有些参数难以获取，所以在实际检测中一般使用估算式子：当介质吸收系数 $\beta < 0.1B/m$ 时，最大探测深度应该满足 $d_{max} < 30/\beta$ 或 $d_{max} < 35/\beta$，式中 B 为磁感应强度，m 为质量。

4.2.3　探地雷达的检测参数

探地雷达检测时的参数设定好坏直接影响到检测的效果。所检测参数主要包括发射天线和接收天线的间距、天线中心频率、测点间距、采样率、时窗等。

（1）天线间距

在使用分离式天线时，为了增强来自目标体的回波信号，需要适当选取发射与接收天线之间的距离。偶极子天线发射、接收方向上的增益在临界角方向最强，于是天线间距 S 的选择应使最深目标体相对接收天线与发射天线张角为临界角的两倍，即 $S = 2h_{max}/\sqrt{\varepsilon_r}$，式中 h_{max} 为探测目标的最大深度。在实际检测中，天线间距的选择常常小于该数值，一般按经验取 $S = 0.2h_{max}$。这是因为天线间距加大，增加了测量工作的不便，另外随着天线间距增加，垂向分辨率降低，特别是当天线间距接近目标体深度一半时，影响大大增强。

（2）测点间距

测点间距的选择应该遵循 Nyquist 采样定律，主要是为了确保介质的响应在空间上不重叠。采样间隔 n_x（单位：m）为雷达波在介质中波长的 1/4，即：

$$n_x = \frac{1}{4}\lambda = \frac{c}{4f\sqrt{\varepsilon_r}} = \frac{75}{f\sqrt{\varepsilon_r}} \tag{4-17}$$

为了更好地确定倾斜目标体，测点间距不宜大于 Nyquist 采样间隔。遇到目标体测试面比较平整时，点距可适当放宽。为了采集到更大的数据量即获得更详细的目标体信息，就需要减小测点间距。为了提高工作效率，就需要测点间距放大，这样数据量就减小，所获得的目标体信息也减少。

（3）天线中心频率

天线频率越高，探测分辨率越高，但探测深度却越小。在满足探测深度的前提下选择天线中心频率，选择更高分辨率的高频天线，并且要兼顾天线尺寸是否符合场地的要求。如果要求的空间分辨率为 x（单位：m），混凝土相对介电常数为 ε_r，则天线中心频率为 $f = 150/x\sqrt{\varepsilon_r}$。根据所选择的频率可计算探测深度，如果探测深度不及目标体的深度，造成信息的缺失，则需要降低频率以获取适宜的探测深度。

探测深度与中心频率对应简表　　　　　　　　　　　　　表 4-1

深度（m）	中心频率（MHz）
0.5	1000
1.0	500
2.0	200
7.0	100
10.0	50
30.0	25
50.0	10

（4）采样率

记录反射波采样点之间的时间间隔为采样率。采样率由 Nyquist 采样定律控制，即采样率至少应达到记录的反射波中最高频率的 2 倍。对于大多数雷达，频率范围为 0.5~1.5 倍中心频率必须被发射脉冲能量覆盖，即频带与中心频率之比为 2。也就是反射波的最高频率约为中心频率的 1.5 倍，按 Nyquist 定律，采样速率至少应达到天线中心频率的 3 倍[46]。

为了使记录波形更完整，Annan 建议采样率取为天线中心频率的 6 倍。当天线的中心频率为 f（单位：MHz），则采样率为：$\Delta t = \dfrac{1000}{6f}$。实际测量时，可以采用表 4-2 进行简单选择。

频率对应最大采样间隔表 表4-2

中心频率（MHz）	最大采样间隔（ns）
1000	0.17
500	0.33
200	0.83
100	1.67
50	3.30
25	8.30
10	16.70

（5）时窗

时窗决定了探测深度，也就是决定雷达系统对反射回来的雷达波信号取样的最大时间范围。时窗 W（单位：ns）主要取决于地层电磁波波速 v（单位：m/ns）和最大探测深度 h_{max}（单位：m），可由下式估算：

$$W = \frac{1.3 h_{max}}{v}$$

（4-18）

式中，时窗增大 30% 是为介质内实际速度与目标深度的变化所留出的余量。

4.2.4 探地雷达的图像解释

探地雷达所采集到的数据和自身形成的图像经过处理后，仍然是雷达回波波形信息，要获取雷达探测的结果，需要对雷达记录进行判读。判读是理论与实践相结合的综合分析，需要坚实的理论基础和丰富的实践经验。雷达记录的判读也叫雷达记录的波相识别或波相分析，需要由专业技术人员根据波形的各个特征，对波幅、波长、波形及同相轴进行分析后，才能最终将雷达波形剖面图转化成整个探测区的解释结果图[47]。

（1）单道波形解释

单道波形即为每个测点的时间-幅值图。对所有单道波形进行分析是既详尽又耗时间的工作。它可以直接从时域和频域上进行分析，也可以利用小波分析手段进行分析。

时域分析方法：在时域上首先确定零点位置，找出各个反射点的波长、幅值和波形。通过波在时间轴各个时段上的波形变化（包括波所在的时间段、波长、波形、振幅和相位数等），并且与其他相邻测点的波形进行对照研究，就可找出目标体的波形及所在时段。

频域分析方法：通过傅立叶变换把时域信号变成频域信号，根据频谱图就可以得到频率范围和信号的能量。另外，通过小波分析把细部波形进行"放大"，从而更加详尽清楚地分析比较每一个单道波形，更好地得到缺陷的分析（图 4-4）。

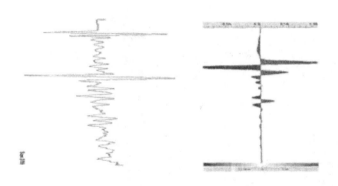

图4-4　单道波形图

（2）单道波形解释依据

从界面反射系数的菲涅耳公式中可以看出两点：

① 反射波振幅的大小

两侧介质的性质和属性可以从反射振幅上判定。界面两侧介质的电磁学性质差异越大，反射波越强，反射振幅就越大，所以可以判断反射振幅大小。

② 反射波振幅的方向

通过反射波的极性判断，是判定界面两侧介质性质与属性的又一条依据。电磁波从高速介质进入低速介质时，即从光疏进入光密介质时，或者说从介电常数小进入介电常数大的介质时，反射系数为负，即反射波振幅反向。反之，从低速进入高速介质时，反射波振幅与入射波同向。因此，反射波的振幅和方向特征是雷达波判别最重要依据，如图4-5所示。

（3）T-D剖面图的解释

T-D剖面图是按照测点采集顺序把一条测线上所有测点的垂直数据水平排列而成，也是同一时段的波形水平紧密排列所形成的图形。它可按波形图、灰度图以及各种彩色图进行显示。在T-D剖面图中识别波的依据：有振幅显著变化、波形特征、同相性和时差变化规律。

① 同相性

如果在结构介质中存在电性差异，就可以在雷达图像剖面中找到相应的反射波与之对应。在雷达记录资料中，同一连续界面的反射信号形成同相轴，依据同相轴的时间、形态、强弱、方向反正等进行判断是图像解释最重要的基础。属于同一同相轴的波组的相位特征，即波长和波幅相近的波位置在时间轴上基本不变化（为均一水平的介质层时）或连续地渐变（为连续但小渐变的介质层时）。这一特征往往也就成为判断是否属于同一均匀介质层的重要依据。但同相轴的形态与埋藏物界面的形态并非完全一致，特别是边缘的反射效应，使得边缘形态有较大的差异。对于孤立的埋藏物其反射的同相轴为向下开口的抛物线，有限平板界面反射的同相轴中部为平板，两端为半支下开口抛物线。

② 时差变化规律

由于一般的探地雷达是自发自收式天线，即发射天线与接收天线间距相对于探测深度来说影响非常小，所以在T-D剖面图上，反射波的同相轴是曲线。这是T-D剖面图识别波的类型的重要依据。

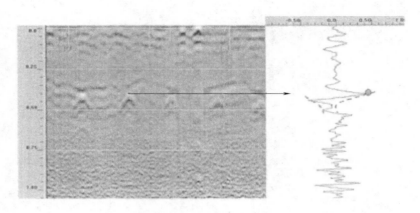

图4-5　钢筋反射波的振幅与方向

③ 波形特征

一方面，来自同一界面的雷达反射波的传播路径相似，传播过程中受所经过介质吸收、透射及散射等因素的影响也相近，所以雷达在相邻道上接收到的反射回波的波形特征是相似的，它的波形特征包括周期、相位数、波形、波长和振幅包络形状等。

另一方面，不同介质有不同的结构特征，这可以作为区分不同物质界面的依据，主要表现在内部反射波的高、低频率特征明显不同。如岩石与混凝土相比，岩石内部结构复杂，所以围岩中内反射波比较明显，特别是高频波丰富。而混凝土内部结构比较均质，反射波较少，只是有缺陷的地方才有反射。下面所述为钢筋混凝土结构中的常见目标体在 T-D 剖面图上的波形特征。

混凝土：振捣均匀的混凝土，它的各个波峰连线与各个波谷连线相平行，即它的同相轴为水平线，各等色线平行。质量较差的混凝土波形杂乱，同相轴有扰动，但同相轴基本上为水平线。

钢板：由于雷达波被钢板全反射，且波形均匀，同相轴为水平线，波幅较大。而且钢板下的介质或物体被屏蔽，雷达波无法到达。

钢筋：由于金属对雷达波的全反射和雷达波的绕射，在天线极化方向与钢筋走向平行时，单根钢筋的波形为向上凸起的弧形，弧顶即为钢筋的顶部位置。如果有相邻钢筋干扰，钢筋的雷达图像将变成尖锐的峰状，而不再是弧形，但峰顶的位置仍为钢筋的顶部。

孔洞：雷达波在孔洞表面发生极性反转，颜色深浅与周围混凝土的不同，并且代表着幅值大小。它形成与空洞类似的雷达图像。

裂缝：波形与周围同相轴的差别较大，且同相轴在裂缝范围内错断。

（4）2D水平剖面及3D立体图的解释

对于内部各个埋藏物分布较杂乱或走向不一致的雷达数据，最好使用2D水平剖面及3D立体模拟来进行解释。由于反射信号的幅值和波长等参数的不同会造成图像颜色不同，以及同一介质形成的水平同相轴与母体介质间的颜色差异，通过按时间点或深度点作水平剖面，就很容易看出埋藏物在平面方向的分布情况和走向。而3D立体图则可以清楚地显示内部埋藏物的形状、大小及位置。其解释依据还是信号的变化会造成图像某些区域的颜色不同，不同颜色的区域证明是不同的形体。

4.3 探地雷达检测预应力孔道压浆质量的数值模拟

在对预应力孔道压浆质量的实际检测中，由于介质的复杂性和仪器本身的误差以及野外工作中各种干扰的存在，空洞或者不密实区在雷达剖面中的图像特征往往不是很明显，会对分析判断产生很大的阻碍[48]。因此，首先对预应力孔道中的空洞区进行了数值模拟，从而提前获取空洞缺陷在雷达剖面图中的特征。这样便可以提高数据解释的准确性，对之后实际探测过程中识别缺陷有较大的帮助。

4.3.1 压浆密实时正演模拟

几何模型如图 4-6（a）所示，为一个简化模型，压浆密实，无空洞区。图上部点状物体为钢筋，塑料波纹管（短距离内可以把波纹管视为水平布置）内为钢绞线和浆液包裹体（将两者视为一个整体）。

由图 4-6（b）正演模拟结果图可以看出，钢筋的反映较为明显，为弧形强反射，可以清晰地分辨出钢筋的位置和数量。在图中还可以较为清晰地判别出存在一层和背景场完全不同的介质，为波纹管位置。

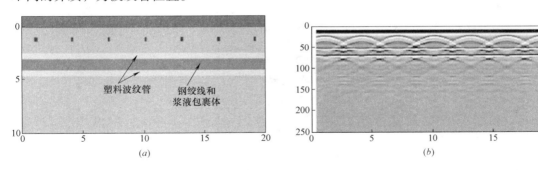

图 4-6　压浆密实时正演模拟图

（a）几何模型示意图；（b）正演模拟结果图

4.3.2 注浆不密实时正演模拟

几何模型示意如图 4-7（a）所示，图中空洞区参数与图 4-6（a）相同。由正演模拟结果图 4-7（b）可以看出，最上面为钢筋的强反射，中部可以看到空洞区存在较强的弧形反射。由于空洞对雷达波的影响，弧形反射区的下部有较强的多次反射。

4.3.3 钢筋影响的消除

由于桥梁表面分布着纵向和横向的钢筋网，使得地质雷达在预应力孔道压浆质量检测中的应用效果受到了很大的影响。在图 4-6 和图 4-7 中，可以明显看出表层钢筋的双曲线反射非常强烈，从而获得深层缺陷的反射信号显得较为微弱，严重影响了异常信息的判读，干扰了对波纹管中存在的缺陷的判断。因此，必须对表面钢筋的影响加以压制或剔除，才能准确判断波纹管中存在的各种缺陷。

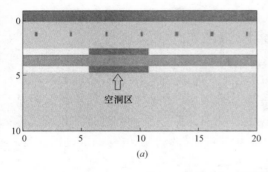

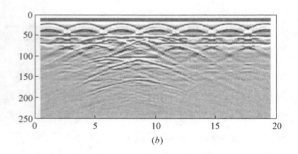

图4-7 压浆不密实时正演模拟图

（a）几何模型示意图；（b）正演模拟结果图

为了消除钢筋的影响，先要获得纯钢筋引起的异常。根据图4-7中钢筋的分布情况，通过数值模拟，获得了如图4-8所示的正演结果。

对图4-8中各钢筋间距进行重采样，使相邻钢筋位置间的采样道数相等；以钢筋间的间距为周期，选取多个窗口，使该窗口中包含了偏移后钢筋的一次反射和多次反射信息，然后对多个窗口求加权平均值，得到一个窗口矩阵；然后以钢筋位置为对应点，用偏移后的数据与得到的窗口矩阵相消，得到滤除了钢筋反射信息后的结果，如图4-9所示。

从图4-9中可以清楚地看到波纹管中空洞引起的弧形反射，利用该方法可以准确识别波纹管中的空洞信息，但是该方法在空洞定量判断方面还存在不足，不能准确计算空洞的大小。

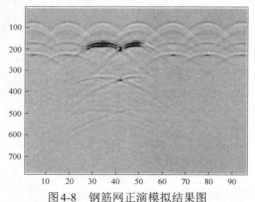

图4-8 钢筋网正演模拟结果图

图4-9 消除钢筋网影响后的结果图

4.4 试验研究

4.4.1 仪器介绍

目前国内投入野外生产的探地雷达主要为时域脉冲探地雷达。型号主要分为两类，一种是美国的SI系列，另一类是加拿大EKKO系列。根据多种探地产品的查询和比较，采用了国际上先进的探地雷达SIR-3000（图4-10），此雷达是美国地球物理探测公司（GSSI）最新的科研成果，配备着最为完善和功能强大的处理软件[39]。

4.4.2 测试过程

（1）对试件测试面的处理

在试验前，首先需对模型的测试面进行适当地处理，以保证测试的效果比较理想。

① 为了确保雷达天线系统能在模型表面推动无阻碍，打磨其表面，清除模型表面浮浆，使其表面平整和干净。

图4-10　SIR-3000便携式探地雷达

② 保证模型表面干燥。由于水对介质的介电常数影响非常大，它能吸收电磁波，从而将直接影响到雷达探测结果，所以必须保持混凝土表面干燥[49]。

（2）仪器标定及参数设置

参数设置是否合理直接影响到记录数据的质量好坏。所以要在现场测量开始前合理设定雷达的采集参数，并进行试测，来判断设定的合理性[50]。

① 选择天线的类型和选好驱动程序。

② 根据模型厚度设置时窗大小。

③ 采样率的选择。

SIR-3000雷达系统建议采样率为天线中心频率的10倍，其采样率用记录的样点数表示，即：样点数／扫描=(时窗／发射脉冲宽度)×10。

④ 根据介质的性质设定电磁波的传播速度。

⑤ 进行自动增益调节，方法是拖动天线在模型表面前进一段距离。调节增益大小标准是单波形图占屏幕的 2/3 左右最佳。

⑥ 天线方向的取向

大部分商用探地雷达使用偶极天线。而偶极天线辐射具有优选的极化方向，因此天线的取向很重要。通常来说，天线的取向要保证电场的极化方向平行目标体的长轴或走向方向。对等轴状目标体没有优选的天线方向。在某些情况下，当目标体的长轴方向不明或者要提取目标体的方向特性时，最好使用两组正交方向的天线分别进行测量。

（3）测线布置

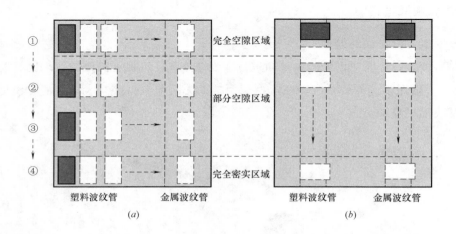

图 4-11　测线布置图

（a）横向方向测线；（b）竖向方向测线

为了取得满意的探测数据，测线布设十分重要。测线布置应该注意两点[51]：

① 确定探测的目标是二度体还是三度体。如果是二度体，测线应该彼此平行，垂直目标轴向布设；如果是三度体，测线应该按网格状布设。

② 确定好探测目标水平尺度的大小及要求的水平分辨率，即要求水平方向探测目标的最小尺度。测线的间距应该同时小于或等于目标尺度与分辨率尺度，以防目标漏测。两者有时是相同的，但大多数场合是不同的。

根据以上的两点要求和检测目的（一是用雷达探测管道的位置和大小，二是用雷达进行管道灌浆质量的检测），此次选择横向和竖向两个方向的检测布置，如图 4-11 所示，横向垂直管道是为了探测管道的位置和大小，纵向平行管道是为了检测管道内灌浆缺陷的大小。

（4）测试数据采集

① 本试验根据试验目的采集方式设定为两种，一种是距离测量，一种是时间测量。距离测量采用滚动轮来计量距离，移动的过程中，速度要慢，防止数据丢失。时间测量采

用连续采集的方式，所以采集过程中，应沿着测线方向，以快速滑动向前推进雷达天线，注意天线推动不宜过慢，以免发生数据重复。

② 整个采集过程中，应该轻拿轻放天线系统，并且防止长时间剧烈震荡破坏天线系统。

③ 雷达天线要紧靠测试面，保证数据的有效性。

④ 操作雷达天线和主机的人员要保证相协调，同时开始，主机操作人员结束时要及时存储。

4.4.3 数据分析

如图4-12所示，为使用滚动轮检测的试验模型，经过处理后所得雷达剖面图。在此剖面图中不同的颜色对应不同的幅度强度，横轴代表宽度（单位：m），纵轴表示电磁波传播的距离即对应着板的厚度（单位：m）。根据图像判据，由于雷达波的绕射和管道对雷达波的全反射，单个管道的波形为向上凸起的双曲线（天线极化方向与管道走向平行时），双曲线顶即为管道的顶部位置。如此，剖面上可以直观地看到管道的分布情况，能够很容易地判断出管道的大体位置。所以利用雷达探知管道的位置是可行的，而且很简便，现场即可探知。

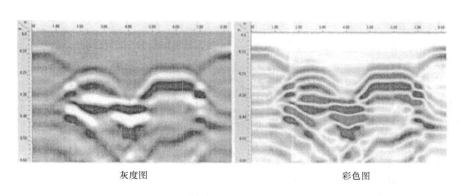

灰度图　　　　　　　　　　　彩色图

图4-12　使用滚动轮雷达检测剖面图

如图4-13（a）所示，雷达波判断依据：利用正负反射特征来确定灌浆质量的饱满度。钢筋为正的强反射，空洞和塑料为负反射。通过图右侧的颜色对照卡来对照原图形判断，颜色上部为正，下部为负。颜色的不同反映出材料性质的差异，用此可以区分确认出管道内各种材料的性质差异。

从图4-13（b）所示，利用反射性质的不同区分出空洞。探地雷达在预应力管道灌浆质量饱满度的检测效果受管道的材料影响较大。在图像中左侧为塑料管道，右侧为金属管道。无论塑料管道还是金属管道在图形上都有很明显的双曲现象，但是对于管体内部的缺陷情况，塑料管道的图像分辨率很好，金属管道的图像分辨率很差。因为金属管对雷达电磁波有强烈干扰，使雷达波很难穿透到金属管内部，电磁波在金属管顶部形成大量多次反射，致使电磁波衰减严重，所以管道内部反射和管道下方的底板反射不明显。而对于左边的塑料管而言，不仅管道上方顶板和管道下方底板反射明显，而且其内部的缺陷情况也一目了然。因此，探地雷达只对塑料预应力管道内灌浆质量的检测有效，对金属管道内的检测没有什么效果。

根据检测方案，图4-14（a）是雷达经过管道灌浆完全不密实的情况，即测线1；图4-14（b）、（c）是雷达经过管道灌浆部分密实的情况，即测线2、3；图4-14（d）是雷达经过管道灌浆密实的情况，即测线4。目的是通过未灌浆与灌浆密实的情况对比，从而更好地、更明显地判断缺陷的规律。

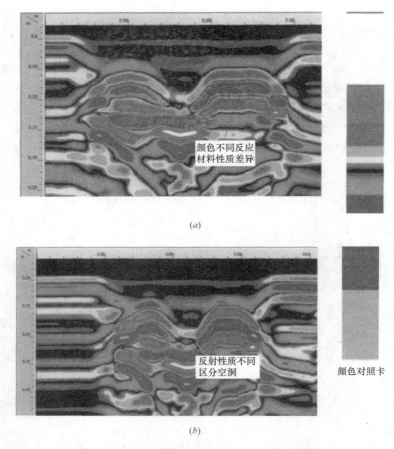

图4-13　垂直管道两条测线的雷达检测剖面图

从图4-14所示雷达图中可以看出：由于空气、塑料和砂浆三者的介电常数和波阻抗差距较大，故而反射图像应该是正反射与负反射相间的情况，反射系数 R 由公式 $R = (Z_2 - Z_1)/(Z_2 + Z_1)$ 确定，其中 Z_1、Z_2 为法向波阻抗，由介质的介电常数、磁导率和入射角决定，而对于非平面波而言，可以考虑以位移电流起主导作用，则 R 可由介质的介电常数决定。由于空气的介电常数是最低的，故而由空气入射波的反射为负反射，即图示中红色的部分，而由其他介质射入空气必然为正反射，为图中蓝色部分，若要探测管道内部的密实情况，则基本可以得出：若双曲线内部蓝色部分居多，则空洞率较大；若双曲线内部红色部分越多，则代表越密实。

如图4-15所示，沿波纹管方向的测线彩色图，配合单波图可以更好地进行图像解释。依据是正负反射、板的厚度来解释波纹管位置及其性质，判别空洞。所以首先确定板的厚度，确定电磁波信号首波，由电磁波振幅 $A = \left(\sqrt{\varepsilon_1} - \sqrt{\varepsilon_2}\right)/\left(\sqrt{\varepsilon_1} + \sqrt{\varepsilon_2}\right)$ 可知，电磁波由空气进入混凝土时，由于混凝土的介电常数大于空气，因而振幅与初始相位相反；当在混凝土

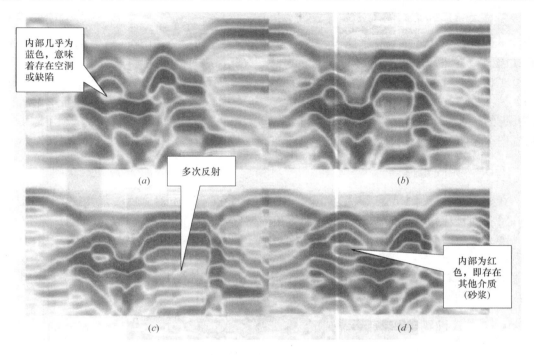

图4-14　垂直管道四条测线的雷达检测剖面图

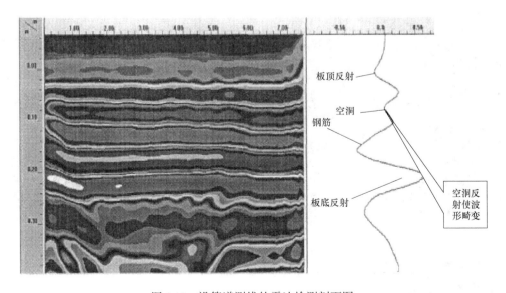

图4-15　沿管道测线的雷达检测剖面图

83

中遇到空洞时，空洞中充填气体或真空介电常数小于混凝土，因而相位与初始相位相同；钢筋为导体其介电常数可看成无穷小，因而电磁波由混凝土进入钢筋时，相位与初始相位相同；到混凝土底板时电磁波由混凝土进入空气，电磁波相位与初始相位相反。

4.5 工程检测实例

下面以某特大桥右幅第6跨主桥箱梁腹板竖向预应力注浆孔道检测为例介绍检测过程和缺陷定位方法[52-58]。

经检查该桥大部分竖向预应力因孔道堵塞无法注浆，为了解决对堵塞预应力管道在腹板侧壁钻孔重注浆问题，采用地质雷达对腹板预应力管道准确定位检测，确定注浆不饱满和堵塞孔道的位置。检测时采用SIR-3000地质雷达，用中心频率为2.6GHz的天线。利用地质雷达数据偏移和加权平均对获得的地质雷达图像进行了处理，滤除了表层的钢筋影响。

4.5.1 测线布置

在连续钢构箱梁体内侧腹板沿路线走向布置垂直于竖向预应力注浆孔道的雷达测线。先确定竖向预应力管道的大概位置并在腹板侧壁标记，详细针对每注浆孔道准确定位。

准确定位注浆孔道位置的方法：在确定的注浆孔道大概位置标记处，卷尺在标记位置两侧各延伸20cm左右，隔5cm用记号笔在腹板侧壁打上标记；再用雷达1.5GHz天线中心位置对准第1个标记，采样慢速开始，每5cm打一标记并存储数据；通过雷达主机回放采集数据，准确确定预应力管道在腹板的位置并标记。

4.5.2 探地雷达检测结果分析

如图4-16所示，波纹管位于距大里程端头测线起点约为0.2m、深约0.3m位置，图中在波纹管区域内存在一个明显的强反射区，根据正演模拟及地质雷达检测经验推测为注浆不密实区域。

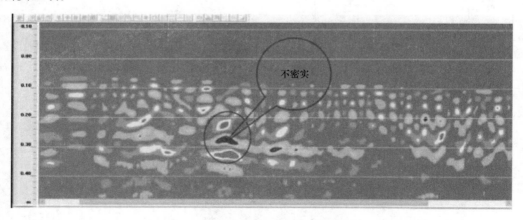

图4-16 1号孔道定位雷达扫描剖面图

如图4-17所示，波纹管位于距大里程端头测线起点约为0.1m、深约0.3m位置，图中在波纹管区域内存在一个明显的强反射区，根据正演模拟及地质雷达检测经验推测为注浆不密实区域。

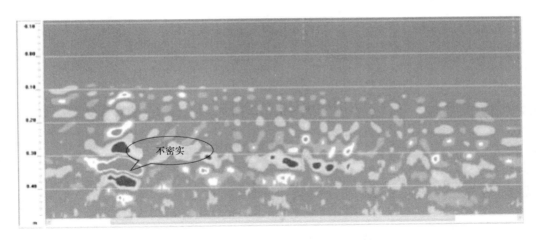

图4-17　2号孔道定位雷达扫描剖面图

4.5.3　开窗验证情况

在图4-16和图4-17所示异常区域，进行了现场开窗验证，均出现了注浆不密实的情况。图4-16所示异常区域注浆不密实，内部存在少量的水。图4-17所示的异常区域内注浆严重不密实，绞线裸露明显。验证结果如图4-18所示。

（a）

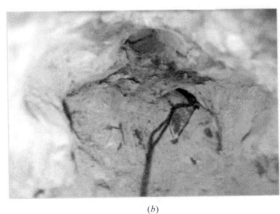

（b）

图4-18　地质雷达检测验证图

（a）1号孔道钻孔验证图；（b）2号孔道钻孔验证图

第5章 超声波法预应力孔道压浆密实度检测技术

5.1 引言

近年来，超声波法在混凝土无损检测领域得到了广泛的研究和应用。超声波的指向性比较好，其频率越高，指向性越好；超声波传播能量大，对各种材料的穿透力较强；超声波的振幅、频率和相位变化等特性，为超声波探测提供了丰富的信息[59]。在预应力管道检测方面，金属波纹管管壁厚约0.28~0.6mm，由于管壁相对于应力波的波长而言，显得很薄，而且高声阻抗的管道处在两低声阻抗材料（混凝土和水泥浆）之间，所以超声波很容易穿过管壁传播[60]。但是，塑料管管壁厚约2.5~3mm，并且其声阻抗低于混凝土和水泥浆，会造成超声波的强反射，且衰减系数较大，测试塑料管内部的空洞就显得相当复杂[61]。

5.2 超声波法的基本原理

5.2.1 超声波的定义

波动是物质的一种运动形式。波动分两大类，一类由机械振动在弹性介质中引起的波动过程是机械波，如声波、水波、超声波等。另一类由电磁振荡所产生的变化磁场在空间的传播过程，称为电磁波，如紫外线、红外线、无线电波、可见光等[62]。

人们所感觉到的声音是机械波传到人耳引起耳膜振动的反应，能引起听觉的机械波，其频率范围为20Hz~20kHz。而超声波是频率大于20kHz的机械波。机械波根据介质中质点的振动方向与波的传播方向的差别可分为横波、兰姆波、表面波、扭转波等[63]。但根据运动学的叠加原理，任何复杂的波动都可以看成是纵波和横波的叠加。因此，研究机械波的基础就是研究纵波和横波。

（1）纵波

纵波，也称为P波。它是介质质点的振动方向与波的传播方向平行的波。纵波是依靠介质时疏时密的局部容积发生变化引起压强的变化而传播的，因此和介质的体积弹性相关。任何弹性介质都具有体积弹性，所以纵波可以在任何介质中传播。

（2）横波

横波，也称为S波。它是介质质点的振动方向与波的传播方向垂直的波。横波是依靠使介质产生剪切变形(局部形状变化)引起的剪应力变化而传播的，它和介质的剪切弹性相关。由于液体、气体形状变化时，不能产生抗拒形变的剪应力，因此液体和气体不能传播横波，只有固体才能传播横波。

超声波类属于机械波，因此超声波服从机械波的一般规律，即超声波是机械振动产生，并通过介质进行传播。同时超声波也有某些特殊的规律。而一般情况下，超声波震源处频率与周期默认为声波的频率与周期，所以其波长表达式如下：

$$\lambda = cT = c/f \tag{5-1}$$

式中　λ——超声波波长；

$\quad\quad c$——超声波波速；

$\quad\quad T$——超声波周期；

$\quad\quad f$——超声波频率。

超声波在不同介质中的传播形式也各不相同，液体内部超声波以疏密波（纵波）的形式进行传播，固体内部超声波除了以纵波以外还有横波等其他形式的波。需要注意的是，物理学上对质点定义为：固体中的微小 ΔV。后续对纵波、横波等问题进行讨论时，均按照该定义理解质点概念。固体一般看作是质点连续分布构成的体系，按照上述定义的理解，固体为一连续介质。对于连续介质而言，当其受力时，内部某点会伴随力的作用发生位移现象，从而导致形变的发生；当作用外力较小时，随着外力的消除介质上各点会恢复原状，这样的形变称为弹性变形，发生弹性变形的介质为弹性介质。

5.2.2　弹性介质的运动方程和波动方程

（1）弹性介质的运动方程

弹性介质中任意微小体积元遵从的运动规律与位移矢量相一致，其依据的客观规律仍是牛顿定律。

取微小体积元 $\Delta x \Delta y \Delta z$ 如图 5-1 所示，并将其看作质点进行讨论，在不考虑重力一类体积力的情况下，该体积元上的力都是通过面力的合力来改变体积元的运动变化情况。如图 5-1 所示，考虑到各个面上的应力方向以及两个面的间距大小，并假设一个面的面应力分量为 σ_{xx} 时，另一面的面应力为 $\sigma_{xx} + \dfrac{\partial \sigma_{xx}}{\partial \sigma_x} \Delta x$ 等，并可以得到如下结论：

$$\begin{aligned}
&\left(\sigma_{xx} + \frac{\partial \sigma_{xx}}{\partial x}\Delta x\right)\Delta y \Delta z - \sigma_{xx}\Delta y \Delta z + \left(\sigma_{xy} + \frac{\partial \sigma_{xy}}{\partial y}\Delta y\right)\Delta x \Delta z - \sigma_{xy}\Delta x \Delta z + \\
&\left(\sigma_{xz} + \frac{\partial \sigma_{xz}}{\partial z}\Delta z\right)\Delta x \Delta y - \sigma_{xz}\Delta x \Delta y = \left(\frac{\partial \sigma_{xx}}{\partial x} + \frac{\partial \sigma_{xy}}{\partial y} + \frac{\partial \sigma_{xz}}{\partial z}\right)\Delta x \Delta y \Delta z
\end{aligned} \tag{5-2}$$

当不考虑重力等其他作用力的影响，根据牛顿第二定律可以得到体积元 x 方向的运动方程。

$$\rho \frac{\partial^2 u_x}{\partial t^2} = \frac{\partial \sigma_{xx}}{\partial x} + \frac{\partial \sigma_{xy}}{\partial y} + \frac{\partial \sigma_{xz}}{\partial z} \tag{5-3}$$

$$\rho \frac{\partial^2 u_y}{\partial t^2} = \frac{\partial \sigma_{yx}}{\partial x} + \frac{\partial \sigma_{yy}}{\partial y} + \frac{\partial \sigma_{yz}}{\partial z} \tag{5-4}$$

$$\rho \frac{\partial^2 u_z}{\partial t^2} = \frac{\partial \sigma_{zx}}{\partial x} + \frac{\partial \sigma_{zy}}{\partial y} + \frac{\partial \sigma_{zz}}{\partial z} \tag{5-5}$$

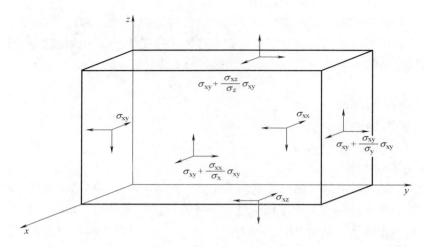

图5-1 小六面体应力分量

考虑到上述公式较好地符合胡克定律，在这一前提条件下，根据各向同性的固体应力与应变关系可得：

$$\rho \frac{\partial^2 u_x}{\partial t^2} = \frac{\partial}{\partial x}\left(\lambda \nabla \vec{u}\right) + 2\mu \frac{\partial^2 u_x}{\partial x^2} + \mu\left(\frac{\partial^2 u_y}{\partial x \partial y} + \frac{\partial^2 u_x}{\partial y^2}\right) + \mu\left(\frac{\partial^2 u_z}{\partial x \partial z} + \frac{\partial^2 u_x}{\partial z^2}\right)$$
$$= \lambda \frac{\partial}{\partial x}\left(\nabla \vec{u}\right) + \mu \frac{\partial}{\partial x}\left(\frac{\partial u_x}{\partial x} + \frac{\partial u_y}{\partial y} + \frac{\partial u_z}{\partial z}\right) + \mu\left(\frac{\partial^2 u_x}{\partial x} + \frac{\partial^2 u_x}{\partial y} + \frac{\partial^2 u_x}{\partial z}\right) \quad (5\text{-}6)$$
$$= \left(\lambda + \mu\right)\frac{\partial}{\partial x}\left(\nabla \vec{u}\right) + \mu \nabla^2 u_x$$

式中 $\nabla^2 = \dfrac{\partial^2}{\partial x^2} + \dfrac{\partial^2}{\partial y^2} + \dfrac{\partial^2}{\partial z^2}$——那勃勒符号。

同理可得：

$$\rho \frac{\partial^2 u_y}{\partial t^2} = \left(\lambda + \mu\right)\frac{\partial}{\partial y}\left(\nabla \vec{u}\right) + \mu \nabla^2 u_y \quad (5\text{-}7)$$

$$\rho \frac{\partial^2 u_z}{\partial t^2} = \left(\lambda + \mu\right)\frac{\partial}{\partial z}\left(\nabla \vec{u}\right) + \mu \nabla^2 u_z \quad (5\text{-}8)$$

把式（5-6）~式（5-8）用矢量形式合并为一个方程：

$$\rho \frac{\partial^2 \vec{u}}{\partial t^2} = \left(\lambda + \mu\right)\nabla\left(\nabla \vec{u}\right) + \mu \nabla^2 \vec{u} \quad (5\text{-}9)$$

作为研究弹性波最基本的方程式，各向同性的弹性固体中，任一点位移矢量 $\vec{u}(x,y,z,t)$ 满足位移场的运动方程式，对于理想流体 $G = 0$，应力分量关系如下所示：

$$\sigma_{xx} = \sigma_{yy} = \sigma_{zz} = K\Delta = -p \quad (5\text{-}10)$$
$$\sigma_{xy} = \sigma_{yz} = \sigma_{zx} = 0$$

式中 K——体积模量。

当 $G = 0$ 时，$K = \lambda$，将式（5-10）代入式（5-11）~式（5-13）可得：

$$\rho \frac{\partial^2 u_x}{\partial t^2} = K \frac{\partial}{\partial x} \Delta \quad (5\text{-}11)$$

$$\rho \frac{\partial^2 u_y}{\partial t^2} = K \frac{\partial}{\partial y} \Delta \tag{5-12}$$

$$\rho \frac{\partial^2 u_z}{\partial t^2} = K \frac{\partial}{\partial z} \Delta \tag{5-13}$$

合并为矢量形式，则得：

$$\rho \frac{\partial^2}{\partial t^2} \vec{u} = K \nabla (\nabla \vec{u}) \tag{5-14}$$

式（5-14）是理想液体中质点发生微小运动时，位移矢量 $\vec{u}(x, y, z, t)$ 所满足的条件。

（2）固体中的波动方程

解决弹性波相关的问题时，可采用直接求解和引入辅助函数两种方法进行求解。经过矢量运算，任意矢量值均可用两个矢量和表示。

根据超声波场相关理论可知，标量函数如 $\phi(x, y, z, t)$ 为梯度矢量，矢量函数 $\vec{\phi}(x, y, z, t)$ 为旋度矢量，位移矢量表达式如下所示：

$$\vec{u} = \nabla \phi + \nabla \times \vec{\phi} \tag{5-15}$$

式中　ϕ——位移场的标势；

　　$\vec{\phi}$——位移场的矢势。

将式（5-15）代入式（5-9）可得：

$$\rho \frac{\partial^2}{\partial t^2} (\nabla \phi + \nabla \times \phi) = (\lambda + \mu) \nabla (\nabla \nabla \phi + \nabla \nabla \vec{\phi}) + \mu \nabla^2 (\nabla \phi + \nabla \times \vec{\phi}) \tag{5-16}$$
$$= (\lambda + 2\mu) \nabla \nabla^2 \phi + \mu \nabla^2 \nabla \times \phi$$

通过矢量运算化简式（5-16），可得：

$$\nabla \left[\rho \frac{\partial^2}{\partial t^2} \phi - (\lambda + 2\mu) \nabla^2 \phi \right] + \nabla \times \left[\rho \frac{\partial^2}{\partial t^2} \vec{\phi} - \mu \nabla^2 \vec{\phi} \right] = 0 \tag{5-17}$$

为了确保上述公式的成立，ϕ 与 $\vec{\phi}$ 必须满足下述关系：

$$\rho \frac{\partial}{\partial t^2} \phi = (\lambda + 2\mu) \nabla^2 \phi \tag{5-18}$$

$$\rho \frac{\partial}{\partial t^2} \phi_i = \mu \nabla^2 \phi_i \tag{5-19}$$

将式（5-18）、式（5-19）代入公式（5-15）可以求解位移矢量 $\vec{u}$。

纵波和横波波速表达式分别为：

$$c_L = \sqrt{\frac{\lambda + 2\mu}{\rho}} = \sqrt{\frac{E}{\rho} \frac{1-\nu}{(1+\nu)(1-2\nu)}} \tag{5-20}$$

$$c_S = \frac{\mu}{\rho} = \sqrt{\frac{E}{\rho} \frac{1}{2(1+\nu)}} \tag{5-21}$$

得出：

$$\frac{1}{c_L^2} \frac{\partial^2}{\partial t^2} \phi = \nabla^2 \phi \tag{5-22}$$

$$\frac{1}{c_S^2}\frac{\partial^2}{\partial t^2}\phi_i = \nabla^2\phi_i \tag{5-23}$$

以上讨论说明固体中同时存在两种波，即纵波和横波。由波速的表达式可看出纵波速度大于横波速度，即 $c_L > c_S$，并从式（5-20）和式（5-21）可知：

$$\left(\frac{c_S}{c_L}\right)^2 = \frac{1-2\nu}{2-2\nu} \tag{5-24}$$

5.2.3 超声波的传播规律

（1）超声波在不同介质中的传播规律

声波在介质中传播的过程中，遇到与原介质阻抗不同的障碍物时，在两种介质面上声波能量的分配、声波的传播规律都将发生变化。这种变化的规律依赖于两种介质的特性、声波的入射角度以及声波波长和障碍物尺寸的比率[64, 65]。

例如，如果波长远小于障碍物尺寸，声波将在界面处发生反射、折射等现象；如果波长与障碍物尺寸相近，将发生显著的绕射现象；如果波长大于障碍物尺寸，声波的大部分能量绕过障碍物，只有很少部分向障碍物四周散射。内含预应力管道的混凝土梁是多种材料的聚合体，在其内部存在多种声学界面，声波在混凝土梁中的传播是一个非常复杂的声学现象，研究声波在异质界面上的传播规律对于预应力孔道灌浆密实度质量的检测具有重要意义。当两种介质的界面尺寸远大于声波波长时，声波在介质面上将发生反射、折射和波形转换。

声波在流体介质中进行传播时，由于流体不存在切形变，黏滞系数为零，因此流体介质只存在体积形变，超声波以纵波形式传播。固体介质包含了体积形变和切形变两种，因此超声波传播形式分为纵波和横波两种方式。超声波在传播过程中，在不同介质的分界面上均会产生反射和折射现象，所以超声波在固体表面会出现沿自由表面进行传播的瑞利波（即表面波）。

（2）超声波传播过程中的衰减规律

声波在介质中传播过程中质点振幅随着与波源距离的增大而减小的现象称为衰减，衰减现象与传播介质的弹塑性、内部结构特征、波源扩散的几何特征等有关。声波衰减的大小及其变化不仅取决于所使用的超声频率及传播距离，也取决于被检测材料的内部结构及性能，因此，应用超声波探测预应力管道内部压装缺陷之前，首先得研究超声波在混凝土中的传播和衰减过程。因为超声波在达到管道之前需要在混凝土中传播，如果能够找到引起超声波衰减的原因，然后想办法增强预应力管道中超声波的能量，那么检测效果将会得到较大的改善。

实际检测中，衰减系数通常是以仪器屏幕上接收波的振幅值来度量计算的。这是因为仪器屏幕上的波形振幅与接收换能器处介质的声压及振动位移值是相对应的[66-68]。

按照引起声波衰减的不同原因，可以把声波衰减分为以下三种类型[69]：

① 吸收衰减

声波在固体介质中传播时，由于介质的黏滞性而造成质点之间的内摩擦，从而使一部分声能转变为热能，同时由于介质的热传导，介质稠密和稀疏部分之间进行热交换，从而导致声能损耗，这种由于部分机械能被介质转换成其他能量形式而散失衰减的现象称为吸收衰减。

② 散射衰减

当介质中存在颗粒状结构如液体中的悬浮粒子、气泡、固体介质中的颗粒状结构等而导致的声波的衰减称为散射衰减。对于混凝土来说，一方面是因为其中大的颗粒粗骨料构成许多声学界面，使声波在这些界面上产生多次反射、折射和波形转换；另一方面是微小颗粒在相应频率的超声波作用下产生共振现象，其本身成为新的振源，向四周发射声波，使声波能量扩散到最大。散射衰减与散射粒子的形状、尺寸、数量和性质有关，其过程是很复杂的。通常认为，当颗粒的尺寸远小于波长时，散射衰减与频率的四次方成正比；当颗粒尺寸与波长相近时，散射衰减系数与频率的平方成正比。

③ 扩散衰减

为了使超声波在混凝土中的传播距离增大，往往采用比金属材料探伤中低得多的超声频率，频率低的扩散角很大，波束扩散，单位面积上的声能随传播距离的增大而增大，产生扩散衰减。

前两类衰减取决于介质的特性，而后一类衰减由声源空间特性决定。在讨论声波与介质的关系时，只考虑前两类衰减，但在估计声波的能量损失时必须将这三类衰减同时考虑。

5.2.4 预应力混凝土缺陷对超声波传递的影响

预应力混凝土是由水泥、石子、砂子、波纹管、预应力筋等多种介质组成的混合材料，其界面极其复杂，故超声波在预应力混凝土中传播路径较在混凝土中更为复杂，根本无法准确地判断其传播的路径，本节采用定性的方法来研究其在不同波纹管灌装情况下的传播路径。前面已经对超声波的传播特性做了详细的描述，得知超声波在传播过程中遇到不同的界面时会发生反射、折射等现象。超声波在预应力混凝土中传播时，不同介质会发生反射和折射现象，但传播时间主要分为三个部分，超声波穿过混凝土到注浆管道前侧的时间 t_1，超声波在注浆管道内的传播时间 t_2，超声波穿过注浆管道后到达接收点所用时间 t_3，则传播总时间为 $t = t_1 + t_2 + t_3$。由于超声波在混凝土中传播时间不变，因此 t_1 和 t_3 是不变的，只需讨论超声波在注浆管道内的传播时间 t_2 的变化[70]。

超声波在预应力混凝土中具体的传播路径有三种情况，如图 5-2 所示。

① 超声波沿着灌浆管道内的水泥浆传播，这种传播可以看作是沿着直线传播。

② 超声波沿着灌浆管道内的预应力筋传播，传播路径为曲线。

③ 超声波沿着灌浆管道管壁传播，传播路径是半圆形。

由于传播路径和声速的不同，必须通过计算才能判别在不同灌浆情况下超声波的传播方式。

（1）混凝土与灌浆管道粘结良好且管道内的水泥浆强度满足要求，则 t_2 的传播时间如下所示：

$$t_{21} = \frac{s - 2a}{v_c} + \frac{2a}{v_s} \qquad (5\text{-}25)$$

式中　s——混凝土厚度（m）；

　　　a——波纹管厚度（m）；

　　v_c——超声波在混凝土中的传播速度（km/s）；

　　v_s——超声波在波纹管中的传播速度（km/s）。

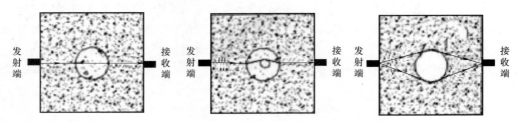

图5-2　超声波在预应力混凝土中的传播路径

（2）若混凝土与灌浆管道之间粘结不好或者灌浆管道内的水泥浆强度不足，则 t_2 传播时间如下所示：

$$t_{22} = \frac{s - d - 2a}{v_c} + \frac{\pi d}{2v_s} \tag{5-26}$$

式中　d——波纹管直径（m）。

（3）当出现第二种传播路径，t_2 的传播时间如下所示：

$$t_{23} = \frac{s - d - 2a}{v_c} + \frac{\pi d}{2v_j} \tag{5-27}$$

式中　v_j——超声波在预应力钢绞线中的传播速度（km/s）。

这里根据首波声时计算首波的传播速度，通过首波速度判断超声波的传播路径。

5.3　超声波法检测孔道压浆密实度技术

5.3.1　超声波检测技术概述

超声无损检测技术大致分为无损探伤（Non-Destruction Inspection，NDI）、无损检测（Non-Destruction Testing，NDT）和无损评价（Non-Destruction Evaluation，NDE）三个阶段。超声无损探伤是初级阶段，一般用于机械零部件内部质量检测，它的作用是可以在不损害零部件结构的前提下，发现藏在零部件内部看不见的缺陷，来满足工业设计中的质量要求；超声无损检测是近些年来发展并应用最为广泛的检测技术，它不仅用于检测成品，更主要的是可以对生产过程中的有关参数进行监测，随时发现问题；超声无损评价则是超声检测发展的最终目标，它要求不但能探测缺陷的有无，还要能给出材质的定量评价，包括对材料的物理性能和力学性能的检测及评价，以及对缺陷的准确定位[71-73]。

随着桥梁事业的飞速发展，特别是预应力混凝土桥梁的兴起，对于无损检测技术的应用已经成为大势所趋。无损检测的发展要追溯到20世纪30年代，那时人们就已开始探索和研究混凝土无损检测的方法，1930年出现的表面压痕法；1935年的弹性模量法；1948

年由施米特（E.Schmid）研制的回弹仪法；1949年加拿大的莱斯利（Leslie）和齐斯曼（Cheesman）、英国的琼斯（R.Jones）等开始运用超声波对混凝土的密实度和强度进行检测；这些研究均为混凝土无损检测技术的发展奠定了基础[74]；随后，苏联的弗格瓦洛首次将超声波检测联合回弹检测一起用于检测混凝土的密实程度和强度，开辟了综合检测的新途径。与此同时兴起了钻芯法、拔出法、射击法等半破损检测法也迅速地发展起来，从而形成了一个较为完整的混凝土无损检测体系。但由于受当时科技的限制，仪器智能化程度较低导致灵敏度低、分辨率差，加上超声波检测的一些影响因素尚无定论，因此在工程中的应用受到限制。自20世纪70年代末开始，科学技术进步，超声波检测仪器也逐渐改进，测试方法不断更新，从而使超声波检测混凝土的技术得到迅速发展。检测仪器由大而笨电子管单示波显示型发展到巧而精、便于携带的智能化多功能型，测量的参数则从单一的声速发展到声速、波幅和频率等多参数；检测应用的范围和技术深度不断扩大，从检测地面上部构件发展到地上地下的结构都能检测，从单一的检测混凝土的强度发展到对混凝土的强度、裂缝、孔洞、损伤等的全面检测。1982年研制出了世界上第一台连续波的超声波材料探测仪，自此，超声无损检测技术由于其具有被测对象范围广、缺陷定位准确、检测灵敏度高、成本低、使用方便、速度快、对人体无害以及便于携带及现场操作等优点，成为目前国内外应用最为广泛、使用频率最高且发展速度最快的一种无损检测技术，并被大量应用到工程实践中。

我国早在古代时就开始利用声波的方法来检测结构的缺陷，典型的是敲击物体通过其发出的声音频率来判断物体的密实度、有无裂纹、剥落和内部空洞等缺陷现象，直至今日这种方法也被有经验的工程师所沿用；20世纪50年代中期，基于工程实际的需要开始引进国外一些国家的回弹仪和超声波检测仪，在前人的经验结果基础上展开了更多的研究；到20世纪60年代初便自发研制并生产了回弹仪，逐步研发出了不同型号的超声检测仪，同时在工程实践中的检测方法方面也取得相应的成果；自20世纪70年代开始，我国多次组织力量合作攻关，在无损检测技术的研究和应用方面不断创新，总结实践经验如今已使回弹法、超声回弹综合法、钻芯法、拔出法、超声缺陷检测法等主要无损检测技术规范化并制定了相应的规范[75-78]。经过几十年的发展与研究，如今无损检测技术已日趋成熟，应用范围也越来越广，尤其在我国健全各级监督机构之后，已成为工程质量现场检测的主要手段之一，为提高工程质量，推动工程技术的发展作出了很大的贡献。

超声波无损检测技术由于其具有较好的指向性、高频脉冲能量大、对介质的穿透能力较强、检测灵敏度高、安全方便、成本低廉、仪器携带方便及检测程序简单等诸多特点而在工程界得到广泛应用[79]。但由于混凝土为多相复合材料，其组成复杂以及目前技术的局限性，对超声波的传播特点研究还比较少，往往随着超声波频率、骨料级配、钢筋等诸多因素的不同而出现不同的传播特性，因而利用超声波进行无损检测时，因人的主观意识和经验的不同，以及检测结果的诸多不确定性，使得检测结果的准确性难以保证。

超声波无损检测技术中有基于波速的测试方法，但超声波速度参数对微小裂缝不敏感，而较大缺陷会引起超声波速度值的显著变化。基于振幅的测试方法中振幅参数对裂缝比较敏感，可以作为判断有无缺陷的重要参数。按检测方向可以分为横向透过法和纵向透过法，横向透过法可以很好地对混凝土结构中的缺陷定位，而纵向透过法则只能检测出混凝土中是否存在缺陷，对缺陷的定位还需结合其他检测手段[80]。

① 横向透过法（超声波透视法）

超声波透射法是将两个探头分别置于试件的两个相对面，一个探头发射，另一个探头接收。根据超声波穿透试件后的时间、能量变化情况来判断试件内部质量。如对象内无缺陷，声波穿透后衰减小，则接收信号较强；反之，接收探头只能收到较弱信号。

超声波透射法的优点是工件中不存在盲区，适宜探测薄壁工件；但该方法对发射和接收探头的相对位置要求严格，所以不适合箱梁等人员难以进入的结构，且测试费时、对接触面要求高，因而很难得以广泛应用。

② 纵向透过法

上述的各种方法都是单点、横向式的测试方法，普遍存在测试效率低、难以全面测试孔道的缺点。为了检测整个锚索（杆）的灌浆密实度，则有必要对锚索全长进行检测。此时，采用上述的反射法或透过法的测试工作量就很大。因此，采用纵向式的测试方法，即从孔道（锚索）的一端测到另一端是非常必要的。为此，学者们开发了基于弹性波的纵向测试锚索（杆）灌浆密实度的方法。

一般认为，压浆饱满波形相对欠密实波形首波到达时间较晚；而欠密实波形接收到的波形幅值相对于压浆饱满波形的幅值要小，如图5-3所示。

对波形放大后可以看出，对于压浆欠密实的波形中首波到达的前几个波段会发生切波现象，而压浆饱满的波形因幅值较小不会发生切波现象。

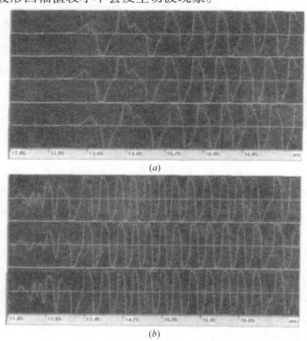

图5-3　纵向测试图

（a）压浆饱满；（b）压浆欠密实

5.3.2　超声波检测技术中的测量参数

目前，在混凝土检测中所常用的声学参数主要有声速、振幅、频率和波形[81, 82]。

（1）声速

声速即超声波在混凝土中的传播速度：

$$v = \frac{l}{t} \tag{5-28}$$

式中 v——超声波声速（km/s）；

       l——试块的测试长度（声程）（mm）；

       t——测区的平均声时值（μs）。

混凝土的声速与混凝土内部结构（孔隙、材料组成）有关，也与混凝土的弹性性质有关。不同组成的混凝土，其声速各不相同。一般说来，内部越是致密，弹性模量越高，其声速也越高。而混凝土的强度也与其孔隙率（密实性）、弹性模量有密切关系。因此，对于同种材料与同种配合比的混凝土，强度越高，其声速也越高。若混凝土内部有缺陷（孔洞、蜂窝等），则该处混凝土的声速将比正常部位低。当超声波穿过裂缝而传播时，所测得的声速也将比无裂缝处声速有所降低。总之，混凝土声速值能反映混凝土的性能及其内部情况。

（2）振幅

接收波振幅通常指首波，即第一个波前半段的幅值，接收波的振幅与接收换能器处被测介质超声声压成正比，所以接收波振幅值反映了超声波在混凝土中衰减的情况，而超声波的衰减情况又反映了混凝土黏塑性能。混凝土是弹-黏-塑性体，其强度不仅和弹性性能有关，也和其黏塑性能有关。因此，衰减的大小，即振幅高低也能一定程度反映混凝土的强度。实践证明，振幅对混凝土缺陷非常敏感，它是判断混凝土内部质量的重要参数之一。

（3）频率

在超声检测中用到的超声波大多是由多种频率成分组成的复频波，在混凝土内部传播过程中，被吸收及各种界面反射、散射，造成部分波被衰减掉，频率越高，衰减越多，使接收波的主频率或频谱发生变化。这种变化的程度除与传播距离有关外，主要取决于混凝土本身的性质以及内部是否有缺陷等。因此，接收波主频率也是反映混凝土内部质量的主要声学参数之一。

（4）波形

当超声波在传播过程中遇到混凝土内部缺陷、裂缝或异物时，由于超声波的绕射、反射和传播路径的复杂化，直达波、反射波、绕射波等各类波相继到达接收换能器，它们的频率和相位各不相同。这些波的叠加有时会使波形畸变。因此，对接收波波形的分析、研究有助于对混凝土内部质量及缺陷的判断。鉴于波形的变化受各种因素的影响，因而在判断缺陷时只能作为一种辅助参数。

5.3.3 孔道压浆密实度的检测

（1）超声波法的运用

超声波检测普遍应用于金属探伤，在混凝土检测方面应用比较晚，由于混凝土较金属材料复杂得多，因此在混凝土检测中超声波检测技术也复杂得多。混凝土由多相复合材料组合而成，它对声波的散射、吸收、衰减效果较明显，其中高频率波在传播过程中更易衰减，能量消耗较快，而且由于混凝土材料的各相材质的不确定性，使得通过超声波检测技术来判断灌浆质量的不确定性增加[83]。

超声波对孔道灌浆质量的检测与对混凝土内部缺陷检测的基本原理相同，其实质是利用超声波在介质中传播时，其波幅、频率、声速等声学参数的变化在一定程度上反映的是孔道内部灌浆质量的情况[84]。其在混凝土中传播的声时、波幅及频率等声学参数会发生变化，可以据此来分析判断缺陷情况。其检测过程为：超声波信号经过转换变为超声信号，再由超声信号变为电信号，经过处理得到孔道灌浆管道内部密实度信息，如图5-4所示。

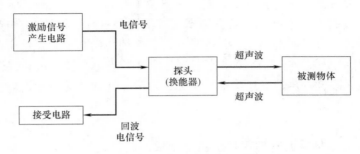

图5-4 超声波检测过程图

利用超声波检测灌浆缺陷主要依据以下三个原理[85]：

① 超声波在灌浆缺陷界面处会产生绕射、折射、反射等现象，导致声时、声程和振幅的变化，可以借此判断缺陷的大小和性质。

② 超声脉冲波在缺陷界面产生散射和反射，到达接收换能器的声波能量波幅显著减小，可根据波幅变化的程度判断缺陷的性质和大小。

③ 超声脉冲波通过缺陷时，部分声波会产生路径和相位变化，不同路径或不同相位的声波叠加后，造成接收信号波形畸变。可参考畸变波形分析、判断缺陷。

④ 超声脉冲波中各频率成分在缺陷界面衰减程度不同，接收信号的频率明显降低，可根据接收信号主频或频率谱变化分析、判断缺陷情况。

当混凝土的组成材料、工艺条件、内部质量及测试距离一致时，各测点超声传播速度、首波幅度和接收信号主频率等声学参数一般无明显差异。如果某部分混凝土存在空洞、不密实或裂缝等缺陷，破坏了混凝土的整体性，通过该处的超声波与无缺陷混凝土相比较，声时明显偏长，波幅和频率明显降低。超声法检测混凝土缺陷，正是根据这一基本原理，对同条件下的混凝土进行声速、波幅和主频率测量值的相对比较，从而判断混凝土的缺陷情况。

根据声学理论，介质中超声波声速表达式为：

$$v = \frac{E(1-\sigma)}{\sqrt{\rho(1-\sigma)-(1-2\sigma)}} \qquad (5-29)$$

式中 σ——泊松比；

ρ——密度；

E——杨氏模量。

由式（5-29）可知：速度是由结构体的刚度和密度决定。当预应力孔道密实时，声速大；反之，当预应力孔道内存在空洞时，超声脉冲波将绕过空洞传播，因此传播的路程大，声时长，声速低。因此，传播时间与传播距离及介质声速有关。同时，多相复合集结型混凝土材料使得超声波在其内部传播时被转换成其他能量而损失，形成吸收、散射衰减，超声波在混凝土中传播时的总衰减系数 δ 与频率 f 的关系为：

$$\delta = \delta_1 f + \delta_2 f^2 + \delta_3 f^4 \tag{5-30}$$

式中　δ_1、δ_2、δ_3——由介质和散射物特性所决定的比例常数。

当预应力孔道中存在缺陷体（如空气或水）时，超声脉冲中的高频分量易于发生反射，使得接收波的频率下降。并且由于反射和散射，波形发生畸变。因此，可利用超声脉冲波在混凝土中传播的声时、波幅和频率等声学参数的相对变化来分析判断缺陷情况，预应力管道中超声波传播路径如图5-5所示。

当预应力管道注浆饱满时，超声波穿透预应力孔道而不发生绕射，可测得平均传播时间 τ_m，当注浆不饱满时，超声波反射、绕射，测得传播时间 τ_k。假设检测距离为 h，空洞位于测距中心，利用超声反射法测量时可计算空洞尺寸大小为：

$$r = \frac{h}{2}\sqrt{\left(\frac{\tau_k}{\tau_m}\right)^2 - 1} \tag{5-31}$$

式中　τ_k——不密实区域的最大声时值；

τ_m——密实区域的平均声时值。

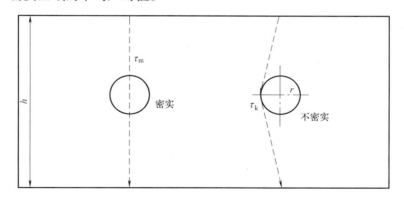

图5-5　预应力管道中超声波传递路径示意图

根据这一原理，可以在预应力孔道及其附近，布置过孔以及不过孔的超声测点，分别测其相应条件下的声学参数值，并做以下分析：①相同条件下过管和不过管测点的声学参数值，以判断预留管道中空洞的存在性；②不同条件下过管测点的声学参数值，以判断预留管道灌浆的饱满程度。波纹管的充填率计算表达式为：

$$\varphi = \frac{R^2 - r^2}{R^2} \times 100\% \tag{5-32}$$

式中　　R——金属波纹管半径；

　　　　r——空洞半径。

（2）孔道压浆密实度的主要影响因素

利用超声波检测混凝土内部质量时，检测结果由于一些因素的存在而产生偏差。为了减小这些因素对检测结果的影响，应该采取相应的技术手段加以减小或避免，以保证检测结果的准确性。

① 耦合状态的影响：在超声波检测过程中，超声脉冲波的波幅对混凝土结构内部缺陷最敏感，而对于被检测结构长度一定时，换能器与被检测构件的结构面耦合状态是否良好，直接影响着波幅测值的检测结论。

当利用超声波对混凝土内部质量进行检测时，检测面的不平整或换能器辐射面与混凝土测试面之间夹杂泥沙等杂质，会导致换能器与混凝土测试面之间接触不良，超声波只能通过局部接触点传递，大部分声波能量在接触面耗损，使得接收的波幅较低。因此，采用超声法检测混凝土内部质量时，必须先确定混凝土测试表面平整或换能器辐射面与检测面的耦合状态良好。工程中常采用耦合剂对探头和测试面进行耦合，以便排除测试面与探头之间的空气，使探头和检测面耦合良好，从而使超声波有效地传递到介质中，以达到良好的检测效果，如图5-6所示。

② 钢筋的影响：由于混凝土是多相混合材料，超声波在其中传播时，经过不同介质的传播速度不一，总的来说在钢筋中的传播速度远大于其在混凝土中的传播速度。所以在检测时，如果在超声波的传播路径中存在较多的钢筋，则接收到的首波传播时间比超声波在混凝土中正常传播的时间短，导致测得的声速值偏大。在混凝土中声波的传播速度，除了与检测方向和钢筋的相对位置有关外，还受附近钢筋的直径和数量的影响，如图5-7所示。

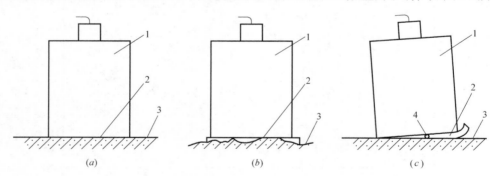

图5-6　耦合状态对波幅的影响

（a）测试面平整耦合良好；（b）测试面不平整局部耦合；（c）耦合层厚薄不均

1—换能层；2—耦合层；3—测试层；4—砂砾

图5-7（a）中，发射换能器T1-R1的位置离钢筋比较近，虽然超声波的传播方向与主钢筋垂直，但其传播路径中有9根钢筋存在，包含了这9根钢筋的直径总和 $\sum d_i$，同时箍筋的影响也不可忽视。因此这种情况对检测的结果有较大的影响，在检测过程中应尽量避免。接收换能器T2-R2所在的位置中，超声波测距中只有两根钢筋直径的影响，当测距 L 相对于这两根钢筋直径较大时，可忽略钢筋的影响，从而检测效果较理想。一般对于混凝土声速 $v \geqslant 4\text{km/s}$ 来说，超声波穿过钢筋距离 L_s 与测距 L 的比值小于1/12时，可忽略钢筋的

影响。图 5-7（b）中，无论是发射换能器 T1-R1 还是接收换能器 T2-R2，其检测方向与钢筋的方向平行，检测结果都受钢筋的影响较大，在检测中应尽量避免类似的情况[86]。

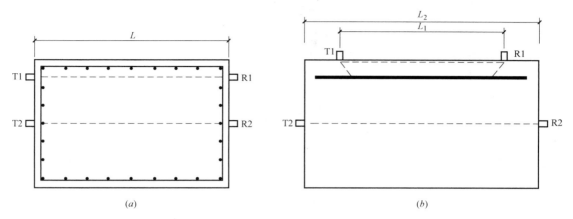

图 5-7　超声波检测中钢筋的影响
（a）超声波传播方向与主筋垂直；（b）超声波传播方向与主筋平行

③ 水分的影响：在预应力孔道中，如果缺陷中充满水分，由于水的声速和特性阻抗较空气的声速和特性阻抗大许多倍，使得大部分超声波通过水耦合层直接从缺陷部位传播，而不再发生反射或绕射现象，从而导致接收到的超声波各项声学参数如声速、波幅和主频率与灌浆饱满的孔道检测没有明显的差异，给缺陷测试和判断带来困难。因此，利用超声法无损检测技术对混凝土内部进行质量检测时，应确保混凝土达到理想的自然干燥状态[86]。

近些年，由于后张法预应力混凝土施工工艺具有不需要专门张拉台座、便于现场作业等优点，被广泛用到预应力桥梁的施工中，其主要特点是在张拉筋束后进行孔道压浆，故压浆质量的好坏将直接影响预应力桥梁的整体强度和耐久性，甚至是安全性。实际工程中影响压浆密实性的因素有很多，如：

① 浆体质量的影响，如水泥浆选用的水灰比偏大或者所使用的膨胀剂不合适，使压入孔道的水泥浆产生较大的收缩，导致浆体与波纹管壁局部脱离。

② 对于连接器处及截面突变处等特殊部位的管道压浆仍按一般的操作进行压浆，未采取特殊的压浆措施，或施工人员责任心不强，在压浆时未等出浆孔冒出浓浆即停止压浆而导致压浆不密实；预留孔道不规范或压浆前未经仔细清理导致压浆不顺畅。

③ 压浆过程中，有时因条件限制未严格按照规范操作或遇到停电、下雨或机械故障等原因，使压浆中途停顿或压浆压力不足，但对前面压浆后的孔道又未及时清洗，致使再次压浆时，由于管道、进出浆口堵塞等原因，造成压浆不饱满。

④ 有些压浆料具有高黏聚特性，可能导致压浆速度小于浆体本身的流动速度，从而使压浆材料在预应力孔道中的流动情况如图 5-8（a）所示，再加上在施工中可能发生排气孔的设置不当或者排气不充分的现象，很容易导致空洞的出现；不过如果压浆的速度很快，压浆材料在预应力孔道中的流动情况会如图 5-8（b）所示，很容易将气体排出孔外，

从而保证压浆的质量。

⑤ 金属波纹管因其自身的优点被广泛应用，但由于生产水平的限制，波纹管肋之间可能会产生空隙，导致密封性能差，也可能在施工现场固定波纹管时导致的波纹管出现拉应力缝隙，或者由于振捣混凝土时不小心而导致波纹管损坏等[4]。

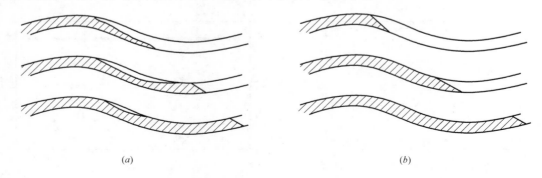

(a) (b)

图 5-8 不同压浆速度图

(a) 压浆速度慢；(b) 压浆速度快

5.3.4 超声波法检测的判别方法

运用超声波法检测预应力混凝土孔道灌浆质量的判别方法主要有以下几种：

（1）首波声时法

超声波在预应力混凝土中的传播途径有多种，而接收探头并不能识别接收到的超声波首波是否携带混凝土质量信息。如果接收到的超声波首波没有在预应力混凝土中传播，则检测的信号不能准确地判断预应力混凝土的质量。因此，首波是否在预应力混凝土中大致直线传播是超声波检测预应力混凝土质量的决定条件。根据首波的到达时间以及其对应的材料特性可以算出其传播的路程，经对比分析就可以得出其准确的传播路径。

（2）波形识别法

通常认为，压浆密实的预应力管道波形比有缺陷的波形首波到达的时间晚，且压浆密实的预应力管道接收到的波形幅值比有缺陷波形的幅值要大。如图 5-9 和图 5-10 所示。

弹性振源从预应力钢筋一端输入弹性波信号，经过信号转换后，在另一端接收弹性波信号，依据入射信号和输出信号的变化，通过弹性波在预应力不同结构传播中的传导函数计算分析压浆质量，据此判断压浆管道中压浆的饱满程度。

（3）首波频率法

超声波在预应力混凝土中传播时遇到缺陷能量会衰减，并且高频部分的超声波衰减的最快。质量良好的预应力混凝土首波频率相对较高，而存在缺陷部位接收到的大多是较低频率波。

目前，超声成像技术在无损检测领域扮演着重要的角色[87]，其方法主要有扫描超声成像法、超声全息法、超声波显像法、衍射时差法、相控阵法等[88-90]。超声波法将随着工业技术的不断发展在无损检测技术方面得到进一步提高。

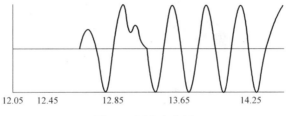

图 5-9　压浆密实图

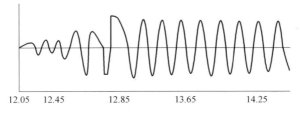

图 5-10　压浆缺陷图

5.4　试验验证与工程应用

5.4.1　压浆密实度模型试验

（1）试验模型制作

针对实际工程中后张法有粘结预应力孔道压浆质量的无损检测，制作模型，开展试验[39]。

试块采用122cm×85cm×20cm的现浇混凝土板，如图5-11、图5-12所示。沿试块横向布设两根预应力管道（1根金属管和1根塑料管），金属管壁厚1mm、直径100mm；塑料管壁厚1.5mm、直径100mm。混凝土的质量配合比为砾石：砂：水泥：水=46：29：16：9；水泥砂浆的质量配合比采用水泥：砂：水=38：46：16。试验中，通过人为安放不同尺寸的软泡沫来模拟孔道内部的灌浆缺陷，见表5-1。

测点布置及缺陷模拟表　　　　　　表5-1

测点编号	泡沫厚度(mm)	泡沫宽度(mm)	泡沫长度(mm)	模拟孔隙率(%)
T1	8	25	60	2.5
T2	10	30	60	3.8
T3	12	35	60	5.4
T4	16	40	60	8.2
T5	20	48	60	12.2
T6	22	25	60	7.0
T7	24	30	60	9.2
T8	28	35	60	12.5
T9	30	48	60	18.3

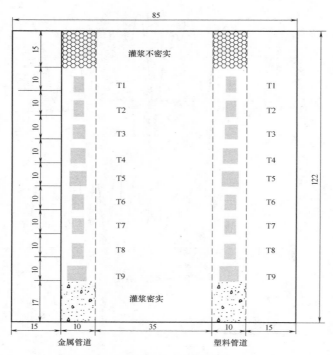

图5-11　混凝土板平面图（单位：cm）

① 如图5-13（a）所示缺陷模拟图，模拟空洞率最左侧是100%，模拟空管情况；最右侧为模拟灌浆密实情况，中间有9个递减尺寸泡沫，模拟不同大小的缺陷，详细尺寸如表5-1所示。

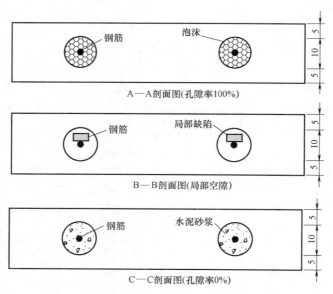

图5-12　混凝土板剖面图

② 如图5-13（b）所示，波纹管充分灌浆后，在振荡台上振荡2min，添加水泥浆，反复振荡几次。保证灌浆密实和均匀，无大量气泡冒出，就停止振荡。

③ 如图5-13（c）所示，模板固定牢固，再用钉子和木条固定好波纹管在板的中央

处，量好到模板的左右上下的尺寸，做好标记，准备浇灌混凝土。

④ 如图5-13（d）所示，浇灌好混凝土，保证混凝土密实和均匀，表面平整、光滑。加水养护。

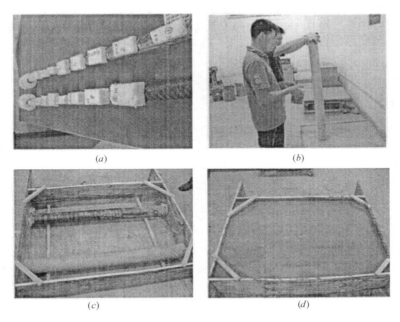

图5-13 模型制作过程图

（2）仪器介绍和测试方案

① 仪器介绍

本试验测试采用北京智博联科技有限公司生产的ZBL–U520（U510）非金属超声检测仪（图5-14），针对混凝土、岩石、陶瓷、塑料等非金属材料进行检测的数字化便携式超声仪。该超声仪采用超声脉冲技术，用于混凝土强度检测、缺陷检测（包括结构内部空洞和不密实区检测、裂缝深度检测、混凝土结合面质量检测、钢管混凝土缺陷检测、表面损伤层检测等）、基桩完整性检测、材料的物理及力学性能检测等。本超声仪依据《超声法检测混凝土缺陷技术规程》CECS 21：2000（以下简称《测缺规程》）对混凝土内部不密实区及空洞、混凝土结合面质量及钢管混凝土内部缺陷进行检测，并对检测数据进行计算处理与判别。

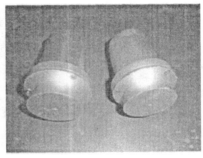

图5-14 超声波检测仪及其探头

② 波形识读

对测试界面的波形区中的波形进行操作，如图5-15所示。首先介绍后面将要用到的几个名词。

首波：屏幕上接收波形的第一个波谷（峰）。

噪声区：动态采样时人工设定的噪声区域，用以区分波形和噪声，幅度未超出该区域的波形被认为是噪声。

基线：波形的首波之前的近似直线段。

声时自动判读线：用来标明超声仪自动测读首波声时位置的标记线。

幅度自动判读线：用来标明超声仪自动测读首波幅度位置的标记线。

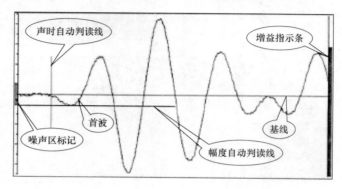

图5-15　波形示意图

③ 测线布置

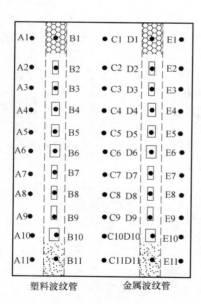

图5-16　测点布置图

测试面经过打磨处理后，进行测线布置，按规范要求在结构上布置网格状测点。本试件共布置了11条测线，每条测线有5个测点，总共55个点。如图5-16所示。

在超声波检测预应力管道灌浆质量方法中，对测法试验超声波可以穿过整个混凝土板，采集的数据信号所带的有用信息最多，所以本试验选用对测法。如图5-17所示。

对测法检测有两种方式，直接对测法和斜对测法（采用厚度振动式换能器、两换能器的平面平行），如图5-18所示。

直接对测法：将一对发射（T）、接收（R）换能器，分别耦合于被测构件相互平行的两个表面，两个换能器的轴线位于同一直线上。该方法适用于具有两对相互平行表面可供检测的构件。

斜对测法：将一对T、R换能器，分别耦合于被测构件的两个相互平行表面，但两个换能器的轴线不在同一直线上。

在测试试验前，应先得到仪器的延时值，方法是把两个平面换能器表面涂上凡士林，并相对压紧，进行测量，屏幕上会出现明显的波形，连续测量3次，读出波形起始时的声时数值t_1、t_2、t_3，求其平均值t_0就是测量的延时值。

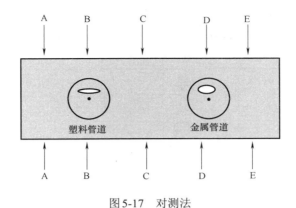

图5-17 对测法

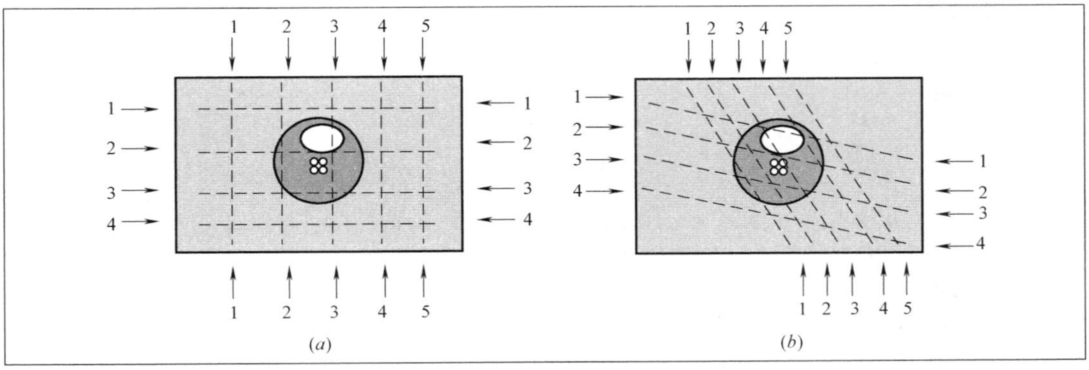

图5-18 对测法的两种方式
（a）直接对测法；（b）斜对测法

对于预应力管道压浆质量的测试，采用直接对测法，每个测线5个点，A、C、E三点是不过管道的测试，而B、D分别是过塑料和金属管道的测试。通过不过管道与过管之间的对比，来判断预应力管道灌浆的质量情况。测试过程如下：在所测断面的测点两面，涂上凡士林，使换能器与试块之间不留空隙，在测点上多次反复进行测量，记录下此时屏幕上波形起始时的声时值（精确至0.1μs），再测下一个测点。当发现经过局部的某些测点出现异常数据时，除加密点进行复测以确定其范围外，还应在大于该范围的区段内进行斜测，从而得到更加充足的数据进行后期分析。数据采集完成后，保存好，以备后期处理分析所用。清除好试块和探头上的凡士林，防止污染环境。

（3）结果分析

用超声波检测混凝土预应力管道的灌浆质量时，根据混凝土中传播的声时（或声速）、波幅等声学参数的相对变化来分析判断灌浆质量情况。当混凝土组成材料、工艺条件和测试距离一定时，超声波通过的速度快，首波信号的波幅高，则灌浆密实。若灌浆中存在空洞或裂缝等缺陷，超声波在缺陷界面将发生反射、散射和绕射等现象，导致声学参数产生明显变化。模型试验检测数据如表5-2和表5-3所示，根据这一原理，通过未过管和过管两者测点之间的比较和分析，从而得到灌浆密实情况。

混凝土板超声波试验结果1　　　　　　　　　　　　　表 5-2

编号	声时(μs)	声速(km/s)	波幅(dB)	编号	声时(μs)	声速(km/s)	波幅(dB)	编号	声时(μs)	声速(km/s)	波幅(dB)
A_1	44.80	4.464	95.59	C_1	45.20	4.425	102.9	E_1	45.60	4.386	99.36
A_2	46.00	4.348	96.60	C_2	45.20	4.425	102.0	E_2	48.80	4.274	100.6
A_3	46.80	4.274	92.49	C_3	46.00	4.348	100.8	E_3	46.40	4.310	103.1
A_4	46.40	4.310	100.7	C_4	45.60	4.386	102.3	E_4	47.20	4.237	101.9
A_5	46.40	4.310	96.09	C_5	46.00	4.348	101.0	E_5	46.80	4.274	101.0
A_6	46.40	4.310	101.2	C_6	45.20	4.425	102.1	E_6	46.00	4.348	101.9
A_7	46.00	4.348	95.42	C_7	46.00	4.348	98.17	E_7	46.40	4.310	98.42
A_8	46.00	4.348	95.25	C_8	45.60	4.425	100.9	E_8	46.40	4.310	101.6
A_9	45.20	4.425	102.0	C_9	46.00	4.348	101.1	E_9	47.20	4.237	101.0
A_{10}	46.00	4.348	101.1	C_{10}	46.00	4.348	98.79	E_{10}	46.80	4.274	97.83
A_{11}	46.80	4.274	101.8	C_{11}	46.40	4.310	96.08	E_{11}	46.00	4.348	100.9

　　通过比较以上数据，同一测线 A_i、C_i、E_i 三点的声时和波幅相差不是很大，证明此混凝土板制作均匀，仪器测试稳定。取其同测线三者平均值具有一定的代表性，用来与过管灌浆情况进行对比和分析，从而更具说服力。

　　如表 5-3 所示，同一测线的数据有些杂乱，不具有说明性。通过过管的声时和波幅与未过管的三点的平均值之比来进一步阐述，如表 5-4 所示。

混凝土超声波试验结果2　　　　　　　　　　　　　表 5-3

塑料波纹管				金属波纹管				同测线未过管道点的平均值			
编号	声时(μs)	声速(km/s)	波幅(dB)	编号	声时(μs)	声速(km/s)	波幅(dB)	编号	声时(μs)	声速(km/s)	波幅(dB)
B_1	52.40	3.817	86.86	D_1	49.60	4.032	88.99	1	45.20	4.425	99.28
B_2	63.60	3.145	87.02	D_2	46.40	4.310	92.49	2	46.00	4.349	99.73
B_3	53.20	3.759	87.02	D_3	52.00	3.846	94.19	3	46.40	4.311	98.80
B_4	53.20	3.759	90.93	D_4	51.60	3.876	87.53	4	46.40	4.311	101.63
B_5	54.40	3.676	87.85	D_5	52.80	3.788	85.16	5	46.40	4.311	99.36
B_6	56.00	3.571	89.82	D_6	50.40	3.968	88.12	6	45.87	4.361	101.73
B_7	51.60	3.876	86.79	D_7	53.20	3.759	92.15	7	46.43	4.335	97.34
B_8	54.80	3.650	88.86	D_8	50.40	3.968	88.87	8	46.00	4.348	99.25
B_9	55.60	3.597	91.97	D_9	50.00	4.000	95.23	9	46.43	4.337	101.37
B_{10}	52.40	3.817	92.12	D_{10}	50.80	3.937	88.83	10	46.27	4.323	99.24
B_{11}	50.00	4.000	92.4	D_{11}	51.60	3.876	87.97	11	46.40	4.311	99.59

混凝土板超声波试验结果3   表5-4

塑料波纹管				金属波纹管			
编号	声时(μs)	声速(km/s)	波幅(dB)	编号	声时(μs)	声速(km/s)	波幅(dB)
B_1	1.1593	0.8626	0.8749	D_1	1.0973	0.9112	0.8964
B_2	1.3826	0.7232	0.8726	D_2	1.0087	0.9910	0.9274
B_3	1.1466	0.8720	0.8808	D_3	1.1207	0.8921	0.9533
B_4	1.1466	0.8720	0.8947	D_4	1.1121	0.8991	0.8613
B_5	1.1724	0.8527	0.8842	D_5	1.1379	0.8787	0.8571
B_6	1.2208	0.8188	0.8829	D_6	1.0988	0.9099	0.8662
B_7	1.1186	0.8941	0.8916	D_7	1.1533	0.8671	0.9467
B_8	1.1913	0.8395	0.8953	D_8	1.0957	0.9126	0.8964
B_9	1.2053	0.8294	0.9073	D_9	1.0839	0.9223	0.9394
B_{10}	1.1325	0.8830	0.9283	D_{10}	1.0979	0.9107	0.8951
B_{11}	1.0776	0.9279	0.9278	D_{11}	1.1121	0.8991	0.8833

通过表5-2~表5-4所示数据，得到以下结论：

① 同一测线上，受到管道材料、壁厚等原因，过塑料管t_s>过金属管t_j>未过管声时值（或波速）的平均值t_0，但是两者与未过管声时值的比值无明显规律性，在同一测管中，它们的声时（或波速）与灌浆饱满程度无相关关系。所以可得声时和波速在超声波检测预应力管道灌浆情况中无明显规律性，与灌浆情况无关。

② 超声波在塑料管与未过管的波幅比中，波幅比随饱满程度的增大而增大，具有明显的规律性。究其原因是所用换能器发射的脉冲波近似球面波，可用各种谐波的幅频函数$A(f)$表示。即各种频率的谐波在混凝土中传播一定距离L后，波幅值$A(f)$为：

$$A(f) = \frac{A_0(f)e^{-\alpha L}}{L} \qquad (5-33)$$

式中　L——超声波在混凝土中传播的距离；

　　　α——衰减系数，为吸收、散射和扩散衰减的总和；

　　$A_0(f)$——传播距离为0时的波幅值。

管道的存在及其灌浆多少对L的影响不大，由式（5-33）可知，衰减系数α对波幅$A(f)$起决定性作用。除了散射和吸收使波幅值减小外，在空隙界面上的反射，则是波幅值减小的主要因素。

根据日本有关文献，对于某个曲面缺陷，取其面积$S = a \times b$，当$0.7\lambda \leqslant a$，$0.7\lambda \leqslant b$时，声波垂直入射的声压γ_p可用下式表示：

$$\gamma_p = \frac{P}{P_\infty} = \frac{2S}{\lambda \cdot L} \qquad (5-34)$$

式中　λ——波长；

L——声源距缺陷的距离；

P——面积为S的缺陷反射的声压；

P_∞——在无限大反射面上反射的声压。

由式（5-34）可得，灌浆的管道空洞越大，其面积S越大，反射的声压P就越大。当仪器发射的电压和频率一定时，其声能是一定的。缺陷反射的声压越大，声能的损失就越大，接收波的幅值就越小。因此波幅比值随着灌浆饱满程度的减小而减小。

综上所述，由于金属管道对超声波的干扰，超声波法只能在预应力塑料管道灌浆质量上检测，而且声时和声速不能作为判断灌浆是否饱满的依据。波幅值比对空隙的反映比较敏感，是用超声波法分析判断预留管道灌浆质量的主要依据。

5.4.2　预应力孔道压浆密实度检测技术现场应用

三水河特大桥位于陕西省旬邑县城附近，作为咸旬高速公路的标志性工程，对于促进咸旬地区及周边经济发展具有重要意义。三水河特大桥桥长1688m，其中14号柱墩墩高183m，连续刚构桥亚洲第一高。

本次现场检测基于引桥预制梁部分进行抽样检测，其预制梁采用外径55mm的波纹管，分别采用了对测和平测两种检测方法进行纵向预应力标定，三水河大桥成桥示意图如图5-19所示。

与模型试验不同的是，预制箱梁腹板处的波纹管孔道为弯曲设计，因此进行波纹管孔道压浆时，浆体在自身重力的作用下会集中向跨中位置靠拢，而位于梁端两侧位置较跨中处更易发生压浆不密实的情况，考虑到检测充分全面，本次检测沿波纹管设计路径方向均匀布设测点，测点间距为5cm。

分别采用平测法和对测法进行检测[91]，考虑到篇幅限制，仅列出部分测试结果，参见表5-5。

图5-19　三水河特大桥

箱梁压浆密实度部分数据（cm） 表5-5

编号	设计厚度	检测结果	编号	设计厚度	检测结果	编号	设计厚度	检测结果	编号	设计厚度	检测结果
1	60	密实	22	60	密实	43	50	密实	64	40	0.95
2	60	密实	23	60	密实	44	50	密实	65	40	密实
3	60	密实	24	60	密实	45	50	密实	66	40	密实
4	60	密实	25	60	密实	46	40	密实	67	40	密实
5	60	密实	26	60	密实	47	40	0.90	68	40	密实
6	60	密实	27	60	密实	48	40	密实	69	40	密实
7	60	密实	28	60	密实	49	40	密实	70	40	密实
8	60	0.96	29	60	密实	50	40	密实	71	40	密实
9	60	密实	30	60	0.90	51	40	密实	72	40	0.88
10	60	密实	31	60	密实	52	40	密实	73	40	0.77
11	60	密实	32	60	密实	53	40	密实	74	40	0.91
12	60	密实	33	60	密实	54	40	密实	75	40	密实
13	60	密实	34	60	密实	55	40	密实	76	40	密实
14	60	0.94	35	60	0.90	56	40	密实	77	40	密实
15	60	密实	36	60	密实	57	40	密实	78	40	密实
16	60	密实	37	50	密实	58	40	密实	79	40	密实
17	60	密实	38	50	密实	59	40	0.92	80	40	密实
18	60	密实	39	50	密实	60	40	0.85	81	40	密实
19	60	密实	40	50	密实	61	40	密实	82	40	密实
20	60	密实	41	50	密实	61	40	密实	83	40	密实
21	60	密实	42	50	密实	63	40	密实	84	40	密实

通过表5-5可知，抽检测点共计84个，密实测点73个，存在缺陷测点共计11个，其中严重不密实有3处，需要进行补浆处理。

5.5 本章小结

本章主要介绍了超声波法检测技术应用于预应力孔道压浆密实度检验的基本原理、方法理论、试验验证以及工程应用。通过对超声波法原理的介绍，引出其在预应力孔道压浆质量检测方面的应用，与混凝土检测类似，其检测实质是利用超声波在介质中传播时，波幅、频率、声速等声学参数的变化在一定程度上反映的是孔道内部灌浆质量的情况。相比于其余无损检测方法，超声波检测法具有指向性好、传播能量大、对各种材料的穿透能力较强、适应性强、灵敏度高、安全方便、监测成本低、设备易于携带等优点，但其同时对检测表面光滑度要求较高，并且难以探测到细小的缺陷。结合压浆密实度模型试验与工程实例，说明了运用超声波法在预应力孔道压浆密实度检测上的可行性。

第6章　其他预应力孔道压浆检测技术

6.1　引言

后张法施工的预应力混凝土结构中[86]，管道压浆的作用主要有两点：一是确保预应力筋与混凝土粘结而共同工作，二是防止预应力筋受空气、水和其他腐蚀性物质侵入而锈蚀。由于泌水和残留空气的存在，使得压浆管道的入口、出口、曲线管道的上凸段和排气孔附近容易出现大片空洞，给预应力筋的腐蚀甚至锈断埋下隐患。管道压浆工艺是预应力施工中的隐蔽工程。灌浆前，管道外的混凝土已浇筑完毕并达到规定的强度要求。在给预留管道中压注水泥浆体过程中，当有较多较稠的浆体从出口溢出后，即认为压浆饱满并封口。管道内浆体硬化后是否有空洞存在，至今仍无有效的检测方法。

目前，用于混凝土的无损检测技术[92]主要有超声波检测技术、探地雷达技术和冲击回波技术。除此之外还有声波散射追踪法、内窥镜检测技术、脉冲热成像法、X射线无损检测以及THz成像技术。与无损检测相对应的还有有损检测技术，起步早，技术熟练，但不适合大面积的检测。

本章通过介绍几种检测手段，充分详细地阐述各种方法之间的优缺点以及各个方法适用的范围，使得能够快速准确地检测实际工程中的灌浆密实度。

6.2　有损检测技术

有损检测方法是早期使用的技术，主要分为切片法和钻芯取样法，检测客观性强，其作用是无损检测技术无法替代的。但该方法会对混凝土造成局部破损，并且检测效率低，费用较高，容易对孔道内部的预应力筋造成损伤，因此这种检测方法不适宜检测大批量预应力混凝土构件。

6.2.1　切片法

验证压浆密实度时，可将梁片或预应力结构进行剖切，采用绳锯等切割方式将压浆孔道切开，直接观测压浆密实度情况。当然，考虑到经济性，切片观测法一般用于工艺验证，或异形曲线孔道压浆质量验证。

如图6-1所示，在某省高速公路建设中，为研究并验证各种压浆工艺设备的实际压浆效果，对35m标准T形梁片进行了切片观测。

梁片切片时，需根据梁片预应力孔道的纵向分布，选择容易出现缺陷的位置进行切片。梁片切片后，不仅可以直接观测孔道内部的密实度情况，而且还可以根据不同位置断面的密实度情况，分析压浆过程中产生的问题。切片断面密实度如图6-2所示。

图6-1　T形梁压浆密实度切片观测验证

图6-2　切片断面密实度

6.2.2　钻芯取样法

由于切片验证成本较高，因此，对于某些确实需要确定密实度的结构物，可通过钻芯取样来获取压浆孔道上确定位置的压浆密实度。对于钻芯取样，因为需要确定存在压浆密实度问题的孔道开孔位置，且在钻芯过程中极易损伤预应力筋，所以钻芯取样仅适用于特殊情况，不能大量应用。

6.3　无损检测技术

6.3.1　声波散射追踪法

（1）声波散射追踪法的基本原理

声波散射技术具有较高的空间分辨率，可以发现波纹管内小于分米级的注浆缺陷。按照散射原理，波纹管的注浆脱空区等缺陷表现为被动震源，当遇到外界震动激励时，缺陷向周围发射散射波，根据接收到的散射波的走时、瞬时频谱、散射能量三项指标可确定缺陷的位置、大小和饱和程度[93、94]。

声波散射追踪法对波纹管压浆质量进行检测分两个步骤。第一步是用声波透射法测量波纹管的平均速度。一端发射，另一端接收，测量声波走时，结合波纹管长度计算平均波速。该波速一般大于混凝土波速，小于钢绞线波速。第二步是使用逆散射观测方式记录波纹管内部缺陷的散射波，在同一锚头进行激发和接收。为提高测量的可靠性，波纹管两侧的锚头需要分别进行测量，两端的测量结果综合在一起进行分析解释。

声波散射追踪法缺陷检测资料处理有三个主要步骤：确定直达纵波和Lamb波走时曲线和波纹管的平均波速，它反映波纹管平均注浆质量，也是确定散射体位置的基础；进行方向滤波，滤除直达纵波和 Lamb 波，取出散射波，通过对散射波的 Radon 变换实现缺陷偏移成像；散射波能量强表示脱空严重，频率高表示散射体小，频率低表示散射体大。声波散射追踪检测原理、波纹管缺陷声波散射追踪偏移见图6-3、图6-4。

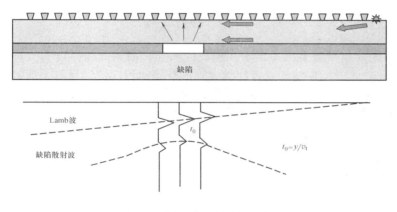

图6-3 声波散射追踪检测原理

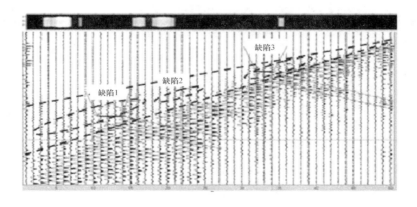

图6-4 波纹管缺陷声波散射追踪偏移图

声波散射追踪法其成像如图6-5所示，其中横向坐标为波纹管里程坐标，黑色部分表示波纹管密实，白色表示散射能量异常，为注浆缺陷。白色部分的横向宽度，表示缺陷的起止位置。白色部分的纵向高度，表示散射能量的大小，散射能量越大，缺陷越大。另外，灰色网格部分表示该异常散射是由天窗、中隔板等结构变化引起的，而不是缺陷。

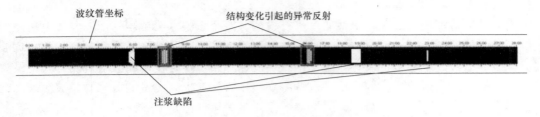

图6-5 声波散射追踪法成像图

声波散射追踪法解释原理如下：

① 注浆缺陷表现为密度与强度的异常分布，体现在波速变异上。

② 受到外界振动影响时，缺陷表现为被动震源，向四周发射散射声波。散射波最早出现在缺陷顶面。

③ 依据散射波的走时、幅值与极性确定散射能量曲线，并据此判断缺陷深度、结构和力学性质。

④ 选定不同阀值可以突出显示不同规模的缺陷；当阀值选择较高值时，偏移能量图像上突出显示比较大的梁体结构或者比较大规模缺陷；当阀值选择较小值时，较小规模的缺陷或者较小的梁体结构变化在偏移能量图像与大规模缺陷及较大梁体结构同时显示。

⑤ 声波对力学性质的差异比较敏感，对空区尤其是浅部空区特别灵敏；由于水泥厚度和钢筋的影响部分小的缺陷未能在结果图上显示，属于正常情况。

⑥ 检测时检波器布设的位置偏离孔道实际位置较多时，则不能得出正确的检测结论。

（2）声波散射追踪法的优缺点

上海勘察设计研究院（集团）有限公司和上海市交通建设工程安全质量监督站一起进行了鱼脊梁预应力孔道压浆检测的打开验证工作。该工程检测综合使用地质雷达和声波散射追踪法以提高检测的可靠性[95]。

地质雷达仪器采用SIR-3000，声波散射追踪法采用北京同度工程物探技术有限公司开发的TD-BWG波纹管注浆密实性检测系统。地质雷达和声波散射追踪两种方法的检测结果对比如图6-6所示。

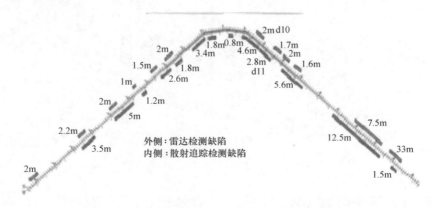

图6-6 雷达检测结果和声波散射追踪法检测结果对比

从工程实践角度，上部拐弯处应该缺陷较多，散射追踪法结果较为合理，推测原因是该处钢筋密集，雷达检测受干扰严重，不能得到清晰的成像，其他位置两者检测结果较为吻合。可见密集钢筋对雷达检测法的影响较严重。而声波散射追踪法可以用于密集钢筋处的无损检测。

声波散射追踪法对空区特别是浅部空区特别灵敏，但是由于水泥厚度和钢筋的影响，部分小的缺陷有时不能在结果图上显示；在检测时检波器布设的位置偏离孔道实际位置较多时，则不能得出正确的检测结论；另外由于混凝土局部不均匀会造成孔道不密实的假象。

6.3.2　内窥镜检测技术

（1）内窥镜检测技术的使用说明

内窥镜检测技术是无损检测的重要方法之一，它是借助光学仪器对灌浆管道所做的间接目视检测技术，电子内窥镜如图6-7所示。

内窥镜检测技术可以对注浆孔道的特殊部位进行缺陷检测。检测孔的位置应合理布置，综合注浆孔道位置，通常设置在排气量大和泌水集中的部位，如锚垫板附近、负弯矩顶面处以及积留空气的弯点处。

① 内窥镜检测孔的安装

a.在结构混凝土浇筑前，预应力混凝土检测部位的孔道设置的孔直径约为20mm。

b.采用带有透光膜的观测接头，将观测接头与预应力波纹管的钻孔连接。

c.接长管要连接到浇筑面以外，并将其固定，专用观测接头和波纹管之间要做好密封措施，同时在混凝土浇筑时，窥镜检测孔很容易被堵塞，因此要做好防护措施。

② 内窥镜检测操作

图6-7　电子内窥镜

a.按操作说明书连接电子内窥镜系统，在各连接点接口连接完毕后，接通电源进行调试，直到符合要求为止。

b.在探头插入检测孔道后，通过显示器引导探头到达检测位置，检测过程中不得强行插拔探头，以免探头发生损坏，同时注意保持探头的清洁。

（2）内窥镜检测技术判定规则

① 光束采用一定的角度照射，与周围边界连续，离光源远的部分为亮影，离光源近的部分为阴影，则可判定为孔道压浆不饱满，有凹坑。

② 在光束照射下，当检测位置浆体色泽与其他位置不同，且光滑、无凹陷时，可以判定检测位置浆体不均匀或孔道内没有清理干净，存在杂物。

（3）内窥镜检测技术的缺点

内窥镜检测技术对通道的设置有严格的要求，一方面通道要宽阔，并靠近检测位置；另一方面通道需由高到低布置，这样可以使内窥镜在操作时减少探头弯曲的程度和次数。同时内窥镜检测技术是对特定点的检测，不适用于大范围的整体检测，应用受到限制。

6.3.3　脉冲热成像技术

（1）脉冲热成像技术研究现状

脉冲红外热成像技术是20世纪末发展起来的一门新兴无损检测技术[96]。是建立在电磁辐射和热传导理论基础上的一门无损探伤技术。根据物理学中的理论知识可知，当物体表面的温度不是绝对零度时，物体就会向外界发出辐射，与此同时它也会吸收来自其他物体的辐射，通常物体的对外与吸收辐射会保持平衡状态。脉冲热成像无损检测技术是用脉冲热源施加的热辐射影响被检测试件所处的热平衡状态，在待检测结构内部形成热传导过程。如果试件内部存在缺陷，则缺陷部位的热传导特性与无缺陷部位的热传导特性的差异，会造成结构里缺陷部位和无缺陷部位对应的表面温度分布不同，因此结构表面不同位置的辐射强度会有所不同。利用快速红外热像仪监测试件表面的温度场分布，根据异常状况可以判断缺陷是否存在。

脉冲红外热成像无损检测技术的检测能力和分辨率是由结构里缺陷部位和无缺陷部位分别对应表面温差值大小决定的。研究结果表明，结构表面温差值与红外脉冲发射器施加的热脉冲的能量密度成正比。因此，检测时稍稍提高脉冲发射器的功率，是可以一定程度上提高检测精准度的。这是脉冲红外热成像无损检测与一般红外检测的一大区别。

（2）脉冲热成像的基本原理

红外线是介乎可见红光和微波之间的电磁波，它的波长范围为0.76~1000μm，频率为Hz，图6-8表示整个电磁辐射光谱。

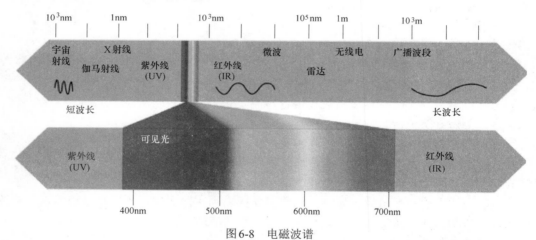

图6-8　电磁波谱

从光谱可以看出，可见光仅占很小一部分，而红外线则占很大一部分，科学研究把0.762~2μm的波称为近红外区；2~20μm称为中红外区；20μm以上称为远红外区，实际应用中，人们已把3~5μm称为中红外区，8~14μm称为远红外区。

在自然界中，任何高于绝对温度零度（-273℃）的物体都是红外辐射源，由于红外线是辐射波，被测物具有辐射的现象，所以，红外无损检测是通过测量物体的热量和热流来鉴定该物体质量的一种方法，当物体内部存在裂缝和缺陷时，它将改变物体的热传导，使物体表面温度分布产生差别，利用遥感技术的检测仪测量它的不同热辐射，可以查出物体的缺陷位置。

红外线检测物体表面温度分布的变化如图6-9所示。可见，热流注入是均匀的，对无缺陷的物体，正面和背面的温度场分布基本上是均匀的，如果物体内部存在缺陷，在缺陷处温度分布将发生变化，对于隔热性的缺陷，正面检测时，缺陷处因热量堆积呈"热点"，背面检测时，缺陷处则是低温点；而对于导热性的缺陷，正面检测时，缺陷处的温度是低温点，背面检测到缺陷处的温度是"热点"。可见，采用红外检测技术，可以形象地检测出材料表层与浅层缺陷和范围。

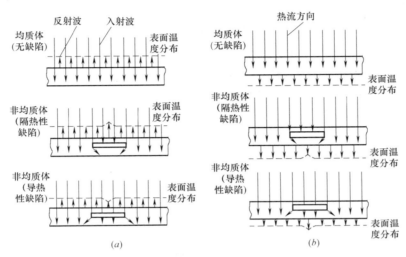

图6-9　红外检测物体表面温度变化示意

红外热像仪基本工作原理，按普朗克定律：

$$W(\lambda,T) = C_1/\lambda^5\left[\exp\left(C_2/\lambda T - 1\right)\right]^{-1} \tag{6-1}$$

式中　C_1——第1辐射常数；
　　　C_2——第2辐射常数。

波长一定，测出红外辐射能量 W，就能算出温度值 T，通过与黑体基准参量比较，仪器处理器能详细计算出各测点实际的温度值，且以不同颜色的温标显示出检测面温度分布的变化。

（3）脉冲热成像技术的优缺点

① 优点

探测器焦距20cm~无穷远，适用于非接触大面积的遥测；探测器只响应红外线，故白天、黑夜均可以工作；红外热像仪温度分辨率高达0.1~0.02℃，探测变化温度的精度高；测温范围-50~2000℃，应用领域宽；摄像速度1~30帧/s，可作静、动态目标温度变化的探测。

② 存在不足

脉冲红外热成像技术无损检测虽有成功的应用，但是也有一些问题尚待解决，如对缺陷分析的定量化、红外热图像的处理和缺陷的识别以及检测分辨率等。这些问题当中最需要解决的是提高检测分辨率，利用上述介绍的单脉冲加热红外热成像技术，试验中能探测的缺陷深度比较小，一般在3~4mm。因此并不适用于波纹管的灌浆密实度检测[97]。

（4）脉冲热成像的发展趋势

红外热像检测在土木工程中的应用，在许多国家应用已久，如美国ASTM和ASNT一直致力于对此项技术的研究，并制定了有关检测标准，作为实际检测过程中的指导性文件。该技术在国内尚处于起步阶段，但应用前景十分广泛。目前利用红外热成像技术对混凝土无损检测的研究热点集中在对红外热成像获取的热源的改进，缺陷深度、大小的定量化研究以及如何把研究成果运用到复杂的实际工程当中[98]。

6.3.4 X射线无损检测

（1）X射线无损检测的基本原理

透照有空洞混凝土试件的底片上，有空洞的那部分混凝土比无空洞的混凝土本体部分要黑。这是因为空洞部位所含空气使该部分对射线的吸收能力低于不含空洞的部分，透过空洞部位的射线强度高于无空洞部位，所以在X射线感光胶片上对应于空洞部位将接受较多的射线光粒子，形成黑度较大的空洞影像[99]。

底片上成像是那些透照过程中没有与物体内原子或电子发生作用的一次射线使胶片感光后产生的，而且由于射线源和胶片之间的距离（焦距）不是无限远，所以空洞在底片上的成像为实际空洞放大后的投影像。且实际用射线源不是点源，而是有一定大小的线源，所以空洞轮廓上会有一些半影U_g出现，即几何不清晰度。散射线是射线与物体相互作用中产生的次级射线，其能量低于一次射线（沿直线穿透物体的透射射线）且方向散乱。散射线会使底片增加黑度，降低明暗度，因而降低了底片的灵敏度。

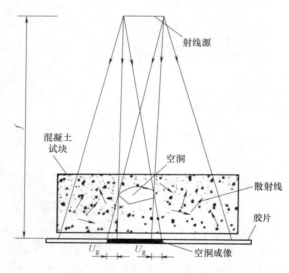

图6-10 放射线透照空洞原理图

从图6-10还可见，空洞在垂直于射线方向上的大小和位置从底片上可由肉眼判断。但空洞在平行于射线方向上，即试件厚度方向上的大小和位置无法直接用肉眼识别，一般需采用设置人工梯形沟或二次摄像等方法进行测定分析。

透照波纹管内灌浆空洞的方法[100]：

透照波纹管内空洞的原理与上述透照混凝土中空洞原理相似，但此时未被水泥浆体填充的空洞并非在混凝土中，而是与钢绞线一同存于波纹管内。图6-11是透照灌浆空洞的两种摄像方式。

理论上，从图6-11所示两个方向透照构件，皆可由测定底片上波纹管内外黑度值来判定空洞，但考虑到沿射线方向上空洞的大小和位置无法直接从底片上用肉眼辨别，且采取的一些措施在实践检测中不可行，以及钢材与混凝土厚度等效系数约为0.2，即混凝土厚度在射线方向上的微小变化引起的能量变化不如钢材敏感等原因，因此建议采取图6-11（*a*）的摄像方式，不宜用图6-11（*b*）。

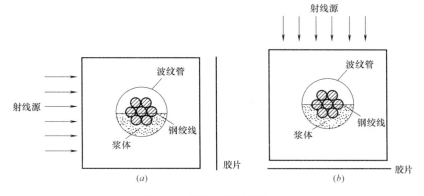

图6-11　灌浆空洞检测方法

（2）X射线无损检测的使用说明

① 透照技术指标的选择

为了获得混凝土中波纹管内灌浆空洞的成像，并取得较高的照相灵敏度，必须对影响灵敏度的各项技术性能指标进行分析和选择，包括射线源、管电压和曝光量（管电流×曝光时间）、焦距、胶片和增感屏、暗室处理等。

② 线源的选择

混凝土厚度与透过混凝土后射线强度之间的关系表明：管电压为300kV的便携式X射线机透照450mm厚混凝土的射线强度已衰减得很低，应该选用γ射线。当然，厚度450mm以下的混凝土也可用γ射线透照，但因γ射线底片的灵敏度比X射线底片的低，且透照时间较X射线长数十倍，所以对于厚度450mm以下混凝土选择X射线更合适。

③ 焦距的确定

焦距即射线源至胶片的距离。为了减少几何不清晰度，除了选择射线源外，主要是通过改变焦距来实现。几何不清晰度U_g（图6-12）的计算公式如下：

$$U_g = \frac{dT}{f - T'} \tag{6-2}$$

式中　d——射线源焦点尺寸；

　　　f——焦距，即射线源至胶片的距离；

　　　T——工件射线源侧表面与胶片的距离，通常取为工件本身的厚度。

焦点尺寸越小、焦距越大、工件厚度越小则几何不清晰度也越小。通过对底片画像中像质计清晰度不断改善的试验，建议透照厚度为100~400mm混凝土时，焦距取600~1000mm。

④ 射线照相灵敏度

采用丝质像质计来测定射线照相灵敏度，以照片上可识别像质计的最小细节尺寸（最小丝径2.5mm），即绝对灵敏度表示射线照相灵敏

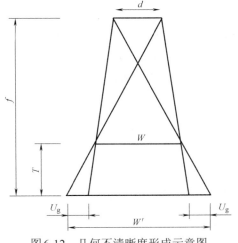

图6-12　几何不清晰度形成示意图

119

度。透照中，像质计被放置在有效透照区内灵敏度预计最差的部位，这样，只要此处的灵敏度达到要求，其他部位可达到要求。

（3）X射线无损检测的优缺点

采用X射线技术检测预应力孔道灌浆空洞可以直接将波纹管内部信息呈像在胶片上[101]，比较直观，且X射线照片对灌浆空洞分辨率比较高，能通过X射线照片初步判断出钢绞线的张拉情况并判断出波纹管在梁体中所处的实际高度。但是由于X射线能量随透照厚度的增加而衰减，因此X射线检测法对透照厚度有一定的限制。

6.3.5　THz成像技术

（1）THz成像技术的基本原理

THz波是指频率在0.1~10THz的电磁波，与可见光、X射线、红外线和超声波一样，THz波也能用于物体成像。THz波量子能量低，能穿透大部分非金属和非极性材料（如泡沫、陶瓷、玻璃、树脂、涂料、橡胶和复合物等），利用上述特性，THz波可以对多种材料和结构中的缺陷进行清晰成像，实现无损检测[102]。THz成像无损检测技术因为具有其他检测方法难以取代的作用，在无损检测领域呈现出蓬勃发展的趋势，在建材料检测方面同样具有十分广阔的应用前景。

（2）THz成像技术的使用

根据不同的成像需求，分别设计了便携透射式THz-TDS成像系统和便携反射式THz-TDS成像系统，两者发射和探测THz波的基本原理和装置一样，本质的区别在于样品的成像方式不同，透射式成像测得的是THz波透过样品后的THz信号，反射式成像测得的是经过样品反射后的THz信号。由于系统采用的是THz扫描成像方式，因此两者都需要计算机控制电动平移台对成像物体进行扫描。

透射式和反射式分别应用在不同的成像需求和不同的样品条件下。反射率较高的样品可以采用反射式THz-TDS进行成像；透射率较高的样品可以采用透射式THz-TDS进行成像。为满足不同需求和不同样品条件下的成像要求，透射式THz-TDS和反射式THz-TDS缺一不可，两者互相弥补，相辅相成。

（3）THz成像技术的发展

将便携式THz-TDS成像系统应用到预应力梁压浆密实度无损检测中，用THz扫描成像技术实现了对预应力梁压浆密实度的无损检测。该系统具有体积小、稳定性高、不受电磁干扰等优势。基于THz扫描成像的无损检测技术解决了现有技术在检测预应力梁压浆密实度中存在的问题，为建筑领域的安全发展提供了强有力的技术支撑，对我国的工程建设事业的发展具有重要的实用意义。

第7章 施工过程中预应力孔道压浆密实度测量技术

7.1 孔道压浆试验的意义

首先，预应力孔道压浆不密实，已经是预应力桥梁最为常见的质量问题。压浆不饱满，会大大降低梁体的整体强度，同时因为预应力筋束没有得到浆液的包裹，极易产生腐蚀，最终导致桥梁的使用寿命大打折扣。在近年来拆除的桥梁中可以看出，大部分孔道的压浆密实度甚至不足50%，这样的质量缺陷让人胆战心惊，解决预应力压浆密实度的问题已经迫在眉睫。分析其原因，除了作业人员违规操作，管理人员管理失控外，和当前常用的压浆工艺也有着莫大的关系。而到目前为止，对预应力孔道的压浆密实度仍没有一个具体可行的控制手段和测量方法。针对这个问题，作者团队在杨泗港长江大桥开展试验，目的是在压浆过程中能够动态掌握孔道内的压浆密实度。

7.2 电磁流量计的介绍

电磁流量计外观如图7-1所示。

图7-1 电磁流量计

7.2.1 电磁流量计的工作原理

电磁流量计的基本原理是法拉第电磁感应定律，即导体在磁场中切割磁力线运动时，导体两端会感应一个与磁场方向和导体运动方向相互垂直的感应电动势。感应电动势的大小与感应强度和运动速度成正比。导电性液体在垂直于磁场的非磁性测量管内流动，在与流动方向垂直的方向上产生与流量成比例的感应电动势。如图7-2所示。

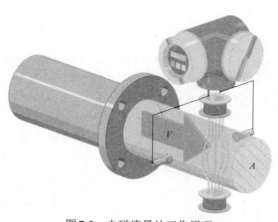

电磁流量计由传感器和转换器组成。电磁流量计传感器由磁路系统、测量导管、电极、外壳和干扰信号调整装置等部分组成，它将流量的变化转换成感应电动势的变化。转换器由电子元器件组成，它将微弱的感应电动势放大，并转换成统一的标准信号输出，以便进行远传指示、记录、计算和调节。

图7-2　电磁流量计工作原理

设在均匀磁场中，垂直于磁场方向有一个直径为D的管道。管道由导磁材料制成，内表面加绝缘衬里。当导电的流体在导管内流动时，导电流体切割磁力线，因而在与磁场及流动方向垂直的方向上产生感应电动势，如安装一对电极，则电极间产生和流速成比例的电位差。

$$E_x = BDv \qquad (7\text{-}1)$$

式中　E_x——感应电动势；

　　　B——磁感应强度；

　　　D——管道内径；

　　　v——流体在管道中平均流速。

由上式可得：

$$v = E_x/BD \qquad (7\text{-}2)$$

所以流量为：

$$q_v = \pi D^2/4 \cdot v = \pi DE_x/4B \qquad (7\text{-}3)$$

由上式可知，流体在管道中的体积流量与感应电动势成正比。在实际工作中由于永久磁场产生的感应电动势为直流，可导致电极极化或介质电解，引起检测误差，所以工业用仪表中多使用交变磁场。此时，$B = B_{max}\sin\omega t$。

感应电动势为：

$$E_x = B_{max}\sin\omega t \cdot Dv = 4q_v/(D \cdot \pi) \cdot \sin\omega t = Kq_v \qquad (7\text{-}4)$$

式中　$K = 4B_{max}/(D \cdot \pi) \cdot \sin\omega t$。

当管道直径D和磁感应强度B不变时，感应电动势E_x与体积流量q_v呈线性关系。若在管道两侧各插入一根电极，就可引出感应电动势E_x，测量此电动势，就可求得电磁流量计的安装要求q_v。

7.2.2　电磁流量计的安装要求

选择正确的安装点和安装方法是使用好电磁流量计的关键，若安装失误，不但会影响测量精度，还会影响流量计的使用寿命，甚至会损坏流量计。

（1）直管段要求

为保证电磁流量计的测量精度，仪表所在的上下游管段内壁应清洁，无明显凹痕、积垢和起皮等现象。流量计安装位置上下游直管段一般遵循前十后五原则，要求前直管段不小于10D，后直段不小于5D；若在上游管段处有其他化学物质注入的情况下，极易导致电导率的不均匀性，流量计应尽量远离主入口至少20D处；若电磁流量计上下游采用异径管时，异径管中心锥角α应小于15°。如图7-3、图7-4所示。

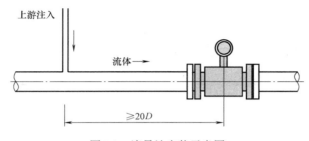

图7-3　流量计安装示意图

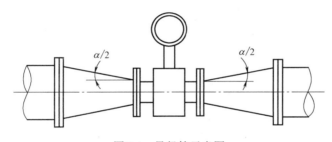

图7-4　异径管示意图

（2）安装注意事项

① 电磁流量计表体上的箭头所指方向为流体的正方向。

② 传感器尽量避免安装在架空的非常长的管道上，若不得已安装时，必须在传感器上下游2D处分别设置管道紧固装置，以防止较大的振动。

③ 测量电极的轴线近似于水平方向，如图7-5所示。

④ 传感器应安装于管内任何时候均充满流体的地方，以免在管内无液体时出现指针不在零位的错觉。一般传感器的安装方向不限，以流体流过电极不形成气泡造为原则。

⑤ 测量固液两相流体时，传感器最好垂直安装，且流体自下而上流动。这样能避免水平安装时衬里下半部分磨损严重。

⑥ 安装在工艺不允许流量中断的管道时，应考虑仪表的清洗和维护，应安装旁通管道。如图7-6所示。

⑦ 应在传感器的下游安装控制阀和切断阀，不应安装在上游。

⑧ 流量计绝对不能安装在泵的进口处，应安装在泵的出口处。

⑨ 在电磁流量计的附近加负压防止阀，打开阀门，以防止传感器内形成负压，导致衬里与金属导管剥离，引起电极泄露。

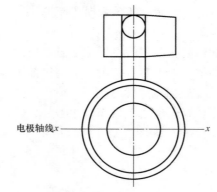

图7-5　电极轴线示意图

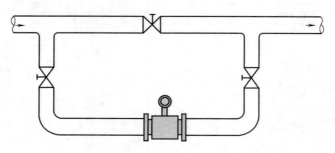

图7-6　流量计安装示意图

（3）仪表接地

传感器的信号较微弱，一般为2.5~8mV，尤其是当流量很小时，只有几微伏，因而在使用时要特别注意外来干扰对其测量精度的影响。所以安装时，传感器的外壳、屏蔽线、测量导线、传感器两端的管道均需接至单设的接地点，以免因电位不等而引入附加干扰，同时避免附近有大电机、大变压器等磁源的干扰。下面简单介绍接地环接地方法：

① 传感器在金属管道上安装（金属管道内壁没有绝缘层），如图7-7所示。

② 传感器在塑料管道上或在有绝缘衬里的管道上安装时，传感两端必须安装接地环或接地法兰。使管内流动的被测介质与大地短路，具有零电位，否则电磁流量计无法正常工作。如图7-8所示。

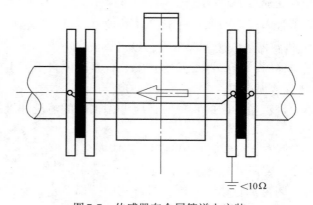

图7-7　传感器在金属管道上安装

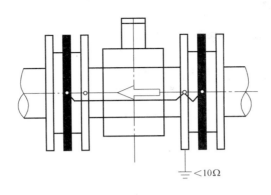

图7-8　传感器在塑料管道上安装

7.2.3　电磁流量计的使用维护

（1）电磁流量计在正式运行前，接通电源后应在传感器充满介质的静止状态下调零。

（2）使用电源时，传感器的二次表需使用同一相线，以免检测和反馈信号相位120°，造成表无法正常工作。

（3）传感器管内壁沉积垢层要定期清理，以防电极短路。因此要求对流量计进行清洗，特别是在电极区域内。周期一般为1年，根据表使用情况而定。始终保持仪表的导管内绝缘衬里良好状态，以免酸、碱、盐等腐蚀，导致仪表无法检测。在大口径流量计附近的管道上增设人工孔，管道排空时，以便清洗人员通过人工孔进入流量计清洗。

（4）当传感器接地不良时，电磁流量计的抗电磁干扰能力会明显下降，需定期检查接地是否良好。

（5）当信号电缆破损时，应及时更换，若无条件更换电缆，须做好破损处接头处理。在接头处焊接好，并做好绝缘防潮工作，以避免信号线绝缘下降而影响流量计的工作。

7.2.4　电磁流量计的故障处理

对在生产现场电磁流量计使用和维护时遇到的一些故障现象及排除故障的方法进行了简要的总结。

（1）测量管道流体没有流动，流量计有输出。

故障可能原因：电磁流量计接地不完善，受外界干扰影响和接地电位变动影响，造成电磁流量计零点变动。信号电缆到电极连接断路；电极表面沾污或沉积绝缘层。

故障处理：将电磁流量计良好地单独接地，不和其他电机、电器共用接地线；接好电缆线；擦洗电极表面。

（2）测量管道流体流动，流量计没有输出。

故障可能原因：与转换器之间的信号传输电缆两芯线接反；电源未接或接触不良；传感器仪表管道、外壳、端面有渗漏。

故障处理：与转换器之间的信号传输电缆两芯线倒接；检查电源，保持接触良好；修理传感器。

（3）新安装的流量计不能正常工作。

故障诊断：检查液体流动方向与传感器壳体上箭头方向不一致。

故障处理：对于不能正反向测量的电磁流量计，拆卸传感器，改变传感器方向。对于能正反向测量的电磁流量计，若拆卸传感器工作量大，可重新设定仪表流体方向，故障也可排除。

7.3 小循环与大循环灌浆的优缺点

7.3.1 小循环灌浆

小循环灌浆的特点是只用了一台流量计，只适用于纯压式灌浆。而面对的却是循环式灌浆，为避免返浆浆液流回浆桶后流量计重复计量和所谓流量计不能承受高压的问题，流量计安装在灌浆泵的吸浆口上。为了不增加泵的吸入阻力，流量计的口径和灌浆泵的吸浆管道一致，就被迫形成了所谓的小循环灌浆法。如图7-9所示。

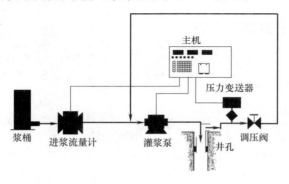

图7-9 小循环灌浆法

小循环灌浆法其实质是：①泵的吸入量主要由返浆量提供，返浆量的大小由高压调节阀控制，钻孔灌浆注入量=流量计量；②流量计大部分时间工作在1/3量程之下，相当长的时间内工作在1L/min左右；③返浆浆液不返回搅浆桶，浆液只能在闭合的管道中循环。浆桶内调节水灰比对灌浆浆液的密度影响甚微。

存在的弊端：小循环的流量计如此低的流速，又要保持精度和线性度是不可能的，无法准确真实检测小流量。受这种小循环灌浆工艺的限制，因返回的浆液不能和盛浆桶内的新浆混合，当灌浆孔内吸浆率很小或孔内吸水、不吸浆时，循环管路中的浆液将快速失水，温度升高，浓度变大，比重增大，因此，水泥悬浮颗粒极易在灌浆孔内沉淀造成埋钻事故。流量计安装位置不对：流量计原则上不允许安装在泵的吸入端，因为吸入端的浆液中会混入成泡状流的微小气泡，此时流量计仍可正常工作，但测得的是含气泡体积的混合体积流量。

7.3.2 大循环灌浆

由于三参数大循环灌浆工艺比两参数小循环灌浆系统增加了一个回浆流量计和一个水灰比传感器，通过主机计算出进浆流量计与回浆流量计的差值即是孔内实际的灌浆量。因为在进浆流量计之后与回浆流量计之间充斥的是高压、高流速的浆液流，不存在释放漏洞，整个系统客观严谨，因此从根本上解决了计量漏洞问题。由于三参数大循环管路系统增加了一个水灰比传感器，通过水灰比传感器可以对灌浆过程的水灰比（W/C）进行全时动态监测，准确采集到单位体积内的含灰量，容易依据设计及规范要求控制水灰比，因此灌浆质量有保证（两参数小循环灌浆工艺浆液水灰比的监测仍停留在人工称量阶段，自动记录仪中显示和打印的水灰比数据也是由人工输入的，在我国目前的运作模式下，由于经济利益的驱使，实际施工时用稀浆代替稠浆的现象时有发生，其结果也就必然影响灌浆质量甚至造成安全隐患），动态水灰比监测准确客观，同时由于回浆浆液与盛浆桶内的新鲜浆液混合了，基本上保持了新鲜浆液的流变特性，有效地控制了浆液在高压、高流速的情况下温度的升高现象，降低了施灌过程中的事故发生率。如图7-10所示。

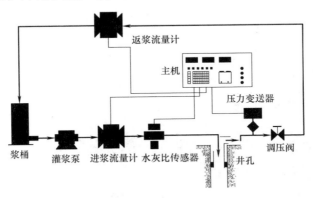

图7-10 大循环灌浆法

7.4 测压浆量的步骤

本次操作将分为两个阶段，第一个阶段首先确认单位长度内波纹管浆液的理论体积，第二个阶段通过人工测量计算压入波纹管的浆液实际体积，通过两个理论和实测体积的比值来确定压浆密实度。

本次试验的范围为N8联下层桥所有孔道，波纹管的直径也分100cm、90cm、80cm三种规格的波纹管。本次试验充分利用了孔道类型的全部资源，使试验的数据更具有代表性，提升了试验成果的价值。

7.4.1 计算孔道内应压浆液的理论体积

（1）取80cm、90cm、100cm波纹管各1m长度，将其中一个端头利用胶布及防水胶封闭，确保在试验过程中管内存水不会过快流失。如图7-11所示。

图7-11 试验人员截取不同规格波纹管

（2）使用标定过的电子秤对三种规格已经封闭好的波纹管进行称重，记录空重A（图7-12），试验得出数据如表7-1所示。

波纹管空重 表7-1

波纹管直径	$\phi80$	$\phi90$	$\phi100$
空重A（kg）	0.61	0.79	0.74

（3）将以上三个规格的波纹管分别装水至端头齐平，放入水桶内（防止缓慢漏水），用电子秤进行称重（称重前去皮），各测三次取平均数。每次称重将管内水倒掉重新装满，试验过程及测得数据如表7-2所示。

图7-12　第二次测量装水后波纹管重量（$\phi80$）

装水重量 表7-2

波纹管直径	装水重量（kg）			
	第一次	第二次	第三次	平均数
$\phi80$	6.15	6.08	6.11	6.11
$\phi90$	7.77	7.79	7.80	7.79
$\phi100$	9.12	9.18	9.14	9.15

（4）计算单位长度1m的钢绞线的体积v_s，计算结果如表7-3所示。

钢绞线体积 表7-3

孔道直径	单根钢绞线截面积S（mm²）①	孔道内钢绞线根数②	体积v_s（L）
$\phi80$	139	9	1.251
$\phi90$	139	12	1.668
$\phi100$	139	19	2.641

（5）汇总以上测量及计算结果，经以下计算，可推算单位长度内波纹管理论压浆体积k_0，计算结果如表7-4所示。

理论压浆体积　　　　　　　　　表7-4

孔道直径	空管重量	装水重量	管内水重	水体积	每米管内理论压浆体积k_0
	①	②	③=②-①	⑤=③/10^3	⑥=⑤×10^3-v_s
$\phi80$	0.61	6.11	5.5	0.0055	4.25
$\phi90$	0.79	7.79	7.00	0.007	5.33
$\phi100$	0.74	9.15	8.41	0.00841	5.77

（6）计算本次试验范围内所有孔道在理论状态下，压浆密实度达到100%时应压入的浆液量v_0，计算见表7-5。

所有孔道压入的浆液量　　　　　　　　　表7-5

序号	孔道编号	筋束数量	波纹管直径(cm)	孔道长度l(dm³)	每米管内理论压浆体积k_0(dm³)	理论压浆总体积v_0(dm³)
	①	②	③	④	⑤	⑥=④×⑤
1	T4-1	9	80	42.5	4.25	180.62
2	T4-2	9	80	42.5	4.25	180.62
3	T4-1	9	80	42.5	4.25	180.62
4	B5-1	12	90	42.5	5.33	226.61
5	B5-1	12	90	42.5	5.33	226.61
6	B5-3	19	100	42.5	5.77	245.19

7.4.2　计算孔道内应压浆液的实际体积

经过以上试验及计算，求得了本次试验范围内所有孔道类型中，注浆密实的情况下，理论应压入波纹管的浆液量v_0。故下一步，只需要求出在现场注浆过程中，波纹管中实际注入的浆液量v，便可求得实际压浆的密实度。在测量实际压浆量过程中，讨论了两种方案，并对其可行性进行了分析：

（1）人工计量

优点：①所有过程人工操作，对所有数据的准确性有保证；②可根据压浆现场进度随时进行调整，减少压浆量浪费。

缺点：①需要人工对各种原材料进行称重配比，效率较低；②进入波纹管浆液量需要通过复杂的计算才能确定。

（2）流量计

优点：①结构简单，不易阻塞，适用于测量含有固体颗粒或纤维的液固二相流体；②流量计所测得的体积流量，基本不受流体密度、黏度、温度、压力和电导率（只要在某阈值以上）变化的影响；③测量范围大，无起始流量的限制；④耐腐蚀性能好。

缺点：①购买专业电磁流量计，成本高，等待时间较长；②需要定制专用的固定台架和法兰盘进行连接，耗时较长。

预应力孔道压浆密实度检测技术

综上，对流量计和人工计量两种形式，从效率性、准确性、稳定性等多个方面进行比对，选择了更为综合、效率更高、可操作性更强的流量计计量方式，对压入波纹管内浆液体积进行试验及计算。

压浆密实性现场测试方法：

（1）适用范围

本方法适用于采用循环压浆工艺施工时现场检测预应力孔道压浆率，且压浆机搅拌桶和储浆桶无称重系统的情况。本方法不适用于有气孔的预应力孔道。

（2）仪器设备与材料技术要求

流量计2个，体积测量相对误差小于1.0%。所用流量计应进行校准。压浆设备应能够便捷地接入进、返浆流量计的信号，并能够进行数据采集、记录和计算。预应力管道长度不小于1m。待压浆预应力管道，至少6孔。

（3）准备工作

1）压浆料浆液制备

孔道压浆浆液是一种以水泥为基料，掺入减水剂、膨胀剂、矿物改性组分等多种外加剂由工厂预制生产的干混料，加入一定量的水，拌合均匀后具有高流动性、不离析、微膨胀等良好工艺特性及早强高强等性能特点。在施工方面具有质量可靠、降低成本、缩短工期和使用方便等优点。从根本解决了预应力孔道灌浆不密实、不饱满、耐久性差等难题。

制浆过程建议使用高速制浆机，首先加入适量的水清洗设备，同时起到润湿桶壁的作用。然后加水至制浆机81kg刻度线位置，开启搅拌泵和循环泵，匀速加入300kg（12包）灌浆料，加料过程制浆机应处于工作状态，投料完毕后搅拌3~5min，将浆体导入储浆桶搅拌直至压浆完毕。

2）流量计标定

① 对电磁流量计励磁线圈进行铜电阻测试，应与原出厂值相同（环境温度相同时）。

② 对电磁流量计励磁线圈进行安全绝缘测试，应大于20MΩ。

③ 对电磁流量计转换器励磁电流进行测试，观察其输出与转换器原电流的值，误差不超过±0.25mA。

④ 对电磁流量计传感器电极对地电阻进行测试，若电阻值在2~20kf之间，并伴有充放电现象，两只电极的电阻相近，则认为好的。

⑤ 对 $DN1200mm$ 以上的电磁流量计，应测试推动级 NB，电流误差不超过12mA。

⑥ 对电磁流量计转换器模拟量输出及频率输出进行测试，观察其线性变化情况，并计算其最大线性误差，应不超过±0.5%。

（4）试验步骤

按如图7-13所示的方式进行设备的连接（保持所有连接管道通畅且不漏浆）。

进行压浆，记录进、出浆口流量计数值 v_1、v_2。

（5）计算

$$N = v/v_0 \times 100\%$$
$$v = v_1 - v_2$$

式中　N——现场流量计测定的压浆饱满率；

　　　v——流量计测定的体积换算的浆液质量；

v_1——进浆口流量计流量；

v_2——返浆口流量计流量。

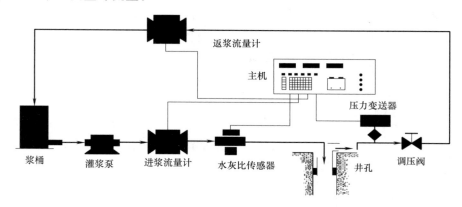

图7-13　设备连接图

（6）报告

依据现场实测结果编制试验报告。

（7）流量计使用注意事项

1）选型上应注意的事项

① 根据流体温度、硬质颗粒含量和颗粒大小来决定选用不同内衬的电磁流量计。

② 注意电磁流量计适用的流体压力范围（一般为：−0.098~2.941MPa），流体压力过高会影响电极寿命，过低则可能引起内衬脱落。

③ 量程要适合工艺实际，一是为了保证测量精度；二是测量上限要考虑仪表内衬磨损，一般正常工艺流量为量程的80%~90%。测量下限要考虑检测器信噪比。

④ 如流体中含有铁砂等磁体，会扰乱仪表磁场而产生误差。

⑤ 流体含有气泡时，所测流量为包括气泡的体积流量。

⑥ 如流体有沉淀或结疤现象，会引起电极被异物覆盖而造成仪表零点变动，目前在电极上加超声波的方法可消除流体在电极上的沉淀和结疤。

⑦ 流体内颗粒可能会撞击电极而形成尖峰噪声，影响流量计指示稳定性，在这种情况下可以采用多孔陶瓷或导电橡胶覆盖电极的电磁流量计。

2）安装时的注意事项

① 为保证流体流速均匀，要注意在电磁流量计的上游方向有5d（直径）的直管段，下游方向则可以不要求。

② 尽量在垂直管道上安装，流体从下向上流；如要在水平管道安装，电极必须在水平方向，而不能一上一下，仪表之后应有上行管道以保证流体满管。

③ 不能为了安装方便而损坏仪表部件。

④ 安装时要防止对工艺管道增加过大应力，特别是高温高压管道上，如无法避免应安装弯管以释放应力。

⑤ 在仪表前后安装截止阀或旁路管道以方便仪表安装拆卸。

⑥ 防止电磁干扰，远离大型电机、变压器等磁源，做好仪表接地。

3）使用方面的注意事项

① 电磁流量计内衬耐压不耐拉，如在垂直管道上安装时，后方阀门关闭，前方流体回流在管道内造成负压，易使内衬损坏。

② 新装管道启用时，应选用短管代替流量计，以防管道中焊屑铁渣等异物划坏仪表内衬。

③ 仪表进线孔应密封好，以防腐蚀性气体、粉尘从进段孔进入仪表而损坏电路。

④ 定期检查零点漂移情况，以确认电极工作状态。

⑤ 定期校验仪表，在更换主板、电源板时也应重新标定仪表。

第8章 预应力孔道压浆缺陷修补技术

8.1 引言

后张法预应力结构或构件的安全性与耐久性取决于预应力张拉施工质量与管道压浆施工质量。预应力张拉施工智能控制系统的出现已成功解决了预应力张拉施工过程中存在的诸多问题，张拉施工质量已基本得到保证，此外预应力孔道的压浆属于隐蔽工程，而目前普通压浆工艺与真空辅助压浆工艺均存在一定的缺陷，往往达不到完全密实的要求。管道压浆不密实，一方面使孔道内存在钢绞线易于锈蚀的环境（空气、泌出的自由水），试验证明，预应力钢绞线在持力状态的锈蚀速度比非持力状态快6倍以上；另一方面管道内存在空洞使得钢绞线与混凝土不能形成一个整体受力，降低了结构刚度与承载能力。因此对管道压浆质量进行控制是十分必要的。本章从预应力孔道缺陷的源头出发，从根本了解造成预应力孔道压浆缺陷的原因（包括人为因素和非人为因素），并提出了切实可行的预防手段和修补方法[103]。

8.2 预应力孔道压浆工艺概述

预应力孔道压浆技术一直是预应力结构施工的一大难题，压浆质量的好坏直接关系到预应力桥梁的使用寿命。目前行业内主要有普通压浆（正压压浆技术），即从一段注入，另外一端流出，当孔道另一端流出浆料时，则视为孔道压浆饱满，随即停止压浆工作。另一种压浆方法为真空循环压浆，即通过抽空管内的空气，使之成为真空环境，然后再压入浆料，循环，使孔道内浆料饱满[104]。

普通的正压压浆和真空循环压浆因为技术及现场诸多原因，导致压浆存在质量问题，如浆液不达标、存在泌水空洞、数据不真实等缺陷。

通过对最近十年拆除或垮塌的预应力桥梁的断面进行统计分析，发现后张法预应力管道压浆存在诸如压浆施工现场对浆液原材料的计量往往比较随意，浆液质量不达标，导致泌水量过大在管道内形成泌水空洞，记录均由人工完成，其真实性、可靠性难以保证等一系列还未能解决的缺陷。这些缺陷造成了很多工程的破坏。在国外，1985年12月位于英国南威尔士的Ynys-Gwas预应力混凝土大桥发生了突然倒塌事故。桥梁倒塌的原因正是由于波纹管内灌浆不密实，1957年建成的美国康涅狄格州Bissell大桥，在1992年的常规质量检查中被发现部分预应力钢绞线已发生严重锈蚀，其原因也是孔道灌浆不密实，导致桥梁的安全度下降，在使用了35年后也不得不炸毁重建。在我国，由于灌浆不密实而引发的工程事故也屡见不鲜，如1995年5月15日广东海印大桥的一根斜拉索锈断；2001年11月7日四川宜宾金沙江拱桥因吊杆锈蚀造成部分桥面垮塌。因此，为了改进后张法预应力孔道的压浆工艺，使孔道压浆充分密实，建立预应力混凝土长期有效的预应力度，提出了后张法预应力孔道智能同步压浆系统。

8.3 预应力孔道压浆工艺现状

在国外，针对预应力管道压浆存在的问题依然没有很好的解决办法。Mott Macdonald，Sheffield 提出了一种新的分析模型，利用残余预应力的分布现象分析沿梁体灌浆孔隙分布和灌浆的质量；Hirose 和 Yamaguchi，Uchiyama 发明了真空灌浆法，真空泵一直保持运转，关闭管道边上的阀门，通过不断抽取空气使管道内压力减小，重复进行抽取真空至规定负压，使得管道内保持在规定要求的负压内，并进行压浆；Schokker Andrea J，Hamilton Ⅲ 和 Schupack Morrisl 指出高质量浆液的一个关键特性是合适的抗凝固性。Narui M，Nakagawa R，Sasadat 和 Nishida Y 发明了一种设备通过注浆压力、水泥浆流量和温度等测量值与预设值比较，由控制器控制浆液的原材料组成及其物理性质，如水胶比和稠度。

在国内，2006 年，刘思谋公开了一种后张法预应力孔道压浆施工工艺。2009 年中交第一航务工程局有限公司发明了一种新的预应力箱梁管道压浆方法，包括一端内腔与锚具头锚杯相应的圆筒形部和其另一端的密封端部，在圆筒形部或密封端部上设置具有管螺纹的排浆管孔，该排浆管孔相应配有螺栓。2010 年中铁四局集团第一工程有限公司公开了真空压浆施工设备及方法，其特征在于真空压浆时，将封锚密封套安装在锚具头外，三向连通管接出浆口，从三向连通管进行抽真空作业，可保持压浆时处于保压状态。

纵观国内外研究现状，桥梁预应力管道压浆先后经历了传统压浆工艺和真空辅助压浆工艺，但是都未能解决桥梁预应力管道压浆中的所有问题，近来出现的桥梁预应力管道压浆监测系统，也只能监测灌浆的压力和流量，最重要的水胶比并未进行监测，压浆效果自然不能达到理想状况。如何通过改进施工工艺，实现压浆过程水胶比、压力、流量准确控制以及完全排除管道内空气，保证桥梁预应力管道压浆质量，有待进一步研究。

8.4 压浆质量评定

对于孔道压浆的质量评定可以利用定性综合压浆指数 I_f（表 8-1、表 8-2），当压浆饱满时，$I_f=1$；而完全未注浆时，$I_f=0$。压浆指数可定义为[105]：

$$I_f = (IEV \cdot IPV \cdot ITF)^{1/3} \tag{8-1}$$

综合压浆指数对压浆密实度评价　　　　　　　表 8-1

综合压浆指数 I_f	优点	缺点
$I_f \geq 0.90$ 为优		
$0.70 \leq I_f < 0.90$ 为良好，局部可能存在缺陷	测试快捷	物理意义不明确，在 0.80~0.90 之间的数值较多，对压浆密实度的判别较钝感
$I_f < 0.70$ 为较差，可能存在较为严重缺陷		

孔道压浆密实度（饱满度及缺陷）质量判定标准　　　　表8-2

定性检测	定位检测			判断结果	建议是否处理
综合压浆指数 I_f	检测部位	判断依据	缺陷严重程度		
$I_f \geqslant 0.90$	—			Ⅰ类	否
$0.70 \leqslant I_f < 0.90$	两端或较高端易出现缺陷区域	根据自动生成的图谱分析是否存在缺陷，确定缺陷大小、位置	单处缺陷长度>20cm	Ⅲ类	应处理
			单处缺陷长度≤20cm	Ⅱ类	可不处理
$I_f < 0.70$	整片梁全长范围		单处缺陷长度>20cm	Ⅲ类	应处理
			单处缺陷长度≤20cm	Ⅱ类	可不处理

Ⅰ类孔：孔道压浆饱满，明显缺陷。

Ⅱ类孔：孔道压浆有轻微缺陷，不影响梁承载能力的正常发挥，不易造成大面积钢绞线锈蚀。

Ⅲ类孔：孔道压浆有明显缺陷，会较大程度影响梁承载能力的正常发挥，容易造成明显的钢绞线锈蚀。

Ⅰ、Ⅱ类孔一般无须进行处理，能够满足使用要求。Ⅲ类孔极易造成明显的钢绞线锈蚀并影响梁承载能力的正常发挥，应进行缺陷处理，处理完成7d后重新检测，合格后方可使用。

8.5　压浆质量缺陷原因和防止措施

8.5.1　压浆质量缺陷原因

压浆量不足，压浆量不足主要是浆液没有完全充满整个孔道，造成压浆不饱满的质量缺陷（图8-1、图8-2）的主要原因有以下几种情况：

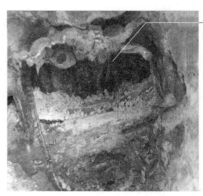

孔道内少量浆料

图8-1　现场压浆图　　　　　　　　　图8-2　孔道缺陷图

预应力孔道压浆密实度检测技术

（1）压浆浆液性能达不到规范要求 [106]

《公路桥涵施工技术规范》JTJ 041—2000（已废止）规定"预应力管道压浆用水泥浆水灰比 0.40~0.45，掺入适量减水剂时水灰比可减少至 0.35，水泥浆的泌水率不超过 3%，拌合后 3h 泌水率宜控制在 2%，泌水应在 24h 内重新全部被浆吸回，水泥浆的稠度宜控制在 14~18s"。水灰比、泌水率、流动度是决定浆液性能的主要技术参数，旧版规范对浆液性能的要求本身就较低，较高的水灰比使得泌水量往往过大，研究表明水胶比大于 0.28 后泌水将不可避免，而水泥硬化需要的水胶比为 0.237。浆液硬化后的微膨胀性难以将孔道填充密实，并且在孔道内存在自由水形成钢绞线易于锈蚀的环境。

《公路桥涵施工技术规范》JTG/T F50—2011（现行）对浆液性能提出了较高的要求：低水胶比（低至 0.26~0.28）；零泌水率（24h 自由泌水率和 3h 钢丝间泌水率应为 0）；高流动度（初始流动度在 10~17s 之间）。

而在压浆过程中，为了满足压浆工艺的要求，在施工现场往往通过加大用水量来改善压浆浆液的流动性，因此水胶比与泌水率的要求就难以得到保证，导致压浆往往不密实，钢绞线提前锈蚀，结构或构件达不到设计使用寿命。

（2）压浆工艺不成熟、欠规范

普通压浆工艺存在的问题：

① 封锚及锚垫板安装不规范。封锚须将锚具、夹片、钢绞线之间的缝隙完全封闭，渗水、不漏气，而现场封锚质量参差不齐，往往达不到密封要求，压浆过程中该位置出现漏浆而导致压力损失，最终导致孔道内压浆不密实。锚垫板上的排气口应在最顶端，而实际安装过程中往往对此未引起足够注意，安装锚垫板时排气口位于底端，将导致锚固位置无法压密实。

② 流动度不可控。根据规范要求当出浆口流出相同流动度的浆液后方可停止压浆，事实上在现场往往没有进行此项工作，而且压浆的速度较快，从收集出浆口的浆液到流动度试验做完的持续时间过长，而灌浆不能中断，此过程导致的浆液损失量较大。因此，此项工作在现场往往被忽略。

③ 稳压时间不足。浆液在被压入管道内处于加压状况下有个初始沉淀凝结时间，在此时间段内如果卸除压力（如打开阀门），浆液将从管道口溢出，传统的压浆工艺稳压时间的控制往往较随意，由操作工人感观控制，不能完全按照规范要求执行，而大多数情况下为加快压浆进度而减少稳压时间，导致进、出浆口的浆液流出致锚固位置不密实。

④ 对压入管道内的浆液不能准确计量。每条预应力管道的体积是一定的，传统压浆方式无法做到对管道内压入浆体的数量进行准确计量，从而无法估算管道内浆液的充盈度，当管道内混有空气时不能通过累计的灌浆量进行判断识别。

⑤ 压浆过程中水胶比不可控。压浆过程中现场工人为增加浆液的流动性往往采取多加水的方式，即实际的压浆用浆液与试验的浆液技术参数有差别，而普通压浆工艺过程中不能进行实时监控与识别，水胶比不符合要求的浆液被压入管道内，导致泌水率大，在孔道内极易形成引发钢绞线锈蚀的环境。

真空辅助压浆工艺存在的问题：较之普通压浆工艺，真空辅助压浆对灌浆质量提高效果明显，但仍存在以下问题尚未解决：封锚不严实导致采用真空机进行抽真空时有空气泄漏入管道，难以达到 -0.06~-0.10MPa 真空度要求；当管道的两端高差较大时，真空压浆的效果甚至要差于普通压浆工艺的效果，即孔道的最高点的顶部可能会出现空洞；在孔道有倾角时，在倾角处浆液会产生先流现象。因此真空压浆并不能解决所有的质量问题。

（3）施工操作的问题

出浆孔没开设在孔道的最高点，因而在浆液从出浆口流出时压浆人员误以为孔道内浆液已满；由于出浆口已淤塞，残留在孔道内的空气无法排出来，给人一种已压满的假象；施工人员操之过急，压浆时没等浓浆液流出即停止压浆；在出浆孔刚冒出浓浆后就停止压浆并卸下压浆阀门，导致浆液从压浆孔流出，造成压浆不足。在曲线、竖向孔道中因为压浆孔常设在孔道最低处，浆液更容易流出，所以一定要等初凝后再卸下压浆阀门；由于混凝土本身浇筑出现质量缺陷导致压浆时浆液外漏，又没及时采取封堵措施，从而导致压浆不足；由于混凝土内部浇筑不密实出现串孔现象，而压浆时先压注上层孔道后压注下层孔道，上层孔道浆液串流入下层孔道内，导致上层孔道压浆不满；压浆过程中，由于机械故障等原因，导致压浆中止，又无法马上恢复，则需二次压浆，如直接从原来的压浆口进行压浆，见到出浆口有浆液冒出就认为孔道压浆已经灌满，关闭出浆口，其实此时孔道内存住的空气并没有排出，残留在孔道内形成一大段范围的空隙，导致孔道压浆不密实，有害物质容易渗入管道内引起预应力钢筋产生锈蚀；工程中多出现沁水过多的现象，主要是由于施工人员为了便于压浆，在施工中擅自增大水灰比造成的。所以，在压浆之前一定要做好水泥浆适配；水泥浆减水剂品种选择不对，导致减水剂对预应力筋有腐蚀作用；在压浆后，环境温度低于0℃，使得水泥浆受冻后发生膨胀，导致混凝土孔道附近与孔道平行方向出现裂缝。

8.5.2 压浆质量缺陷的防止措施

（1）优选压浆材料

相关施工技术规范明确规定，后张预应力孔道宜采用专用压浆料或专用压浆剂配制的压浆液进行压浆。专用压浆料，是指水泥、高效减水剂、膨胀剂和矿物掺合料等多种材料干拌而成的混合料。在施工现场，将此混合料按照一定的比例加水搅拌均匀后，即可作为后张预应力孔道的压浆材料。专用压浆剂，是指高效减水剂、膨胀剂和矿物掺合料等多种材料干拌而成的混合剂。在施工现场，将此混合剂按照一定的比例与水泥、水混合搅拌均匀后，可作为后张预应力孔道的压浆材料。目前，有专门的工厂生产压浆料和压浆剂，应大力推广使用这两种新材料[106]。

（2）压浆浆液性能控制

原材料的选用应满足技术规范要求，现场制浆对原材料的称量应准确，其精确度应在±1.0%以内，应杜绝现场直接用水管加水不做称量的情况出现。采用高性能压浆剂或压浆料，水胶比应在0.26~0.28之间，且应选用高速搅拌机制浆，转速不应低于1000r/min，叶片的线速度应在10~20m/s之间，并应在规定时间内（视灌浆料或外加剂的性能确定）搅拌均匀，搅拌过程中搅拌桶内应无结块等，用于压浆的浆液流动性、泌水率、水胶比均应符合技术规范的要求。

（3）压浆工艺改进措施

大循环压浆控制系统对压浆施工工艺与设备进行极大地改进，其主要功能与特点体现在以下几个方面：

① 泵机选择

选好压浆设备。选用性能优良的设备是保证压浆质量的重要手段[107]。通常是用压浆泵来压注后张法预应力孔道的浆液。压浆泵有风压式和活塞式两类：采用风压式压浆泵压浆时，空气窜入水泥浆液中产生气泡，难以保证孔道浆液的密实饱满，所以，不得使用风压式压浆泵压浆。采用活塞式压浆泵压浆时，必须保证其作业的连续性和足够的压力。在施工现场看到，一些压浆设备陈旧老化，有的不能保证连续作业，有的机器虽然在运转而压力达不到要求，浆液根本就压不进去。采用真空辅助压浆工艺时，真空泵的负压力必须达到相关规定要求，才能起到良好的压浆效果。在施工现场，往往忽视压浆设备的选型以及对设备相关性能及技术指标的要求，从而影响孔道压浆质量。

② 封锚技术

传统的普通压浆与真空压浆一般是采用水泥浆将锚头封闭，工作锚与锚垫板之间不能完全密合，加压后水泥不能承受压力而破裂的情况较多，采用真空机抽气时难以保持在规定的负压状态。压浆过程锚头渗水现象严重，在管道内难以形成规定压力，尤其在出口处压力难以保证。

试验研究表明采用高级原子灰（加高级固化剂）将锚头夹片与钢绞线之间的空隙完全密封可以在短时间内固化，其强度可超过2.0MPa。而后以PVC管套住锚头，内塞快硬水泥，2h后即可进行压浆，可完全保证锚头在压浆过程中不破裂。

③ 水胶比控制

对浆液性能参数进行控制，其中最主要的参数水胶比应进行实时监测，即在现场连续压浆的过程中对制浆及压浆过程中的水胶比应实时监测，避免偏差过大（一般情况下是用水量过大导致偏大）。智能压浆系统通过在储浆桶上绑定水胶比测试仪可实时监测浆液的水胶比。

④ 通过浆液循环排气

对于曲线管道，一次性过浆往往很难将孔道内的空气完全带出，而采用大循环回路方式，即将出浆口浆液导流至储浆桶，从而可使得浆液在孔道内持续循环，通过调整泵排流量将管道内空气完全排出，并且可通过浆液循环带出孔道内残留杂质。

⑤ 流量控制与充盈度判断

研究表明要保证压浆的密实性其浆液在孔道内的流速必须大于其自流速度，传统的压浆方式对流速往往未加考虑，并将泵排流速作为压浆的流速，而实际上若管道内有堵塞，则浆液在孔道内的流速远小于泵排流速。孔道内浆液的注入量与理论空隙体积比值为灌浆的充盈度，此为判断灌浆密实的直观依据，因此需准确计量孔道进出浆液的体积。智能压浆系统压浆过程实时累计灌入管道中的浆液体积，最终判定实际的充盈度。

⑥ 压力控制

规范要求压浆的压力宜为0.5~0.7MPa，不宜超过1.0MPa，事实上由于管道直径的不同、钢绞线的根数及其在孔道内的分布状态以及管道长度与形状的不同，其压力损失差别很大。一般20m跨径空心板其进、出浆口压力损失为0.15~0.20MPa，30m的T梁则为0.20~0.25MPa，随着管道的加长与弯曲加剧，压力损失则更大。若以不变的压力灌浆，则在长、弯管道中在浆液未达到出浆口时压力已损失殆尽，进、出浆口孔道段则往往压不密实。因此需要根据实际的管道压力损失测试值进行进浆压力的修正，保证进、出浆口段孔道的最小压力满足相应要求。智能压浆系统通过循环过程可实时测试管道进、出口的压力损失值，此调整灌浆压力，保证管道出口的压力值不低于规范要求。

⑦ 温度、环境控制

注意环境温度。环境温度对压浆质量的影响，往往被一些施工单位忽视[108]。尤其是在北方寒冷地区施工，在冬季来临之前往往出现抢工期赶进度的现象，在压浆时环境温度还未低于5℃，但到了夜间，环境温度有时下降到零下几摄氏度，此时，压入孔道的浆液必然受冻，而白天气温又不高，水泥浆液难以水化形成胶结，达不到要求的强度，加之有的水泥浆液水胶比大，浆液泌水多，沁出的水在孔道内冻结膨胀，严重时，就引起孔道底部（相对薄弱断面）开裂，春融时，孔道内的积水就沿裂隙渗透出来，严重影响工程质量和桥梁结构安全。相关技术规范明确规定，压浆过程中及压浆48h内，结构构件混凝土的温度及环境温度不得低于5℃。在施工过程中，必须严加注意，以确保工程质量及桥梁结构的使用安全。

⑧ 自动控制、过程追溯

大循环智能压浆系统由微机与进浆测控部件、返浆测控部件之间无线通信，全部压浆过程一键完成，实现全过程的自动化控制，并记录全部压浆技术信息，极大地避免了人为因素的干扰，并可进行压浆过程的溯源，提高压浆施工质量，便于质量管理与质量控制。

⑨ 加强施工人员的培训

预应力孔道压浆的质量虽然难以控制，但只要用科学的态度，加强施工人员的技术培养，加强施工人员的责任观，做到把安全责任放在第一位，避免敷衍工作，完善工程质量的事前、事中、事后控制等，就能做到有效防治预应力孔道压浆问题。

8.6 孔道缺陷类型

在检测过程中，按照规范要求可以对压浆的情况分为四个等级，分别为优、良、中、差（图8-3、表8-3）。其中优良的孔道压浆质量不用进行处理；中差的等级需要进行进一步的复检，以具体的确定孔道内的缺陷特征以及缺陷的大小，从而采取相对应的处理措施。

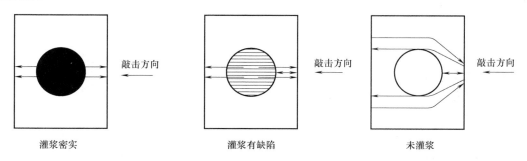

图8-3　孔道压浆缺陷类型

孔道压浆密实性分类等级 表 8-3

等级	密实性等级	特征
优	健全	孔道注浆密实或基本密实,可正常使用,不需处理
良	松散	孔道注浆存在缺陷,宜进行局部处理
中	上部小空洞	孔道注浆存在明显缺陷,应进行局部处理
差	大空洞	孔道注浆存在严重缺陷,应进行整体处理

8.7 孔道缺陷形成原因及防止措施

孔道压浆缺陷主要由水泥浆泌水率过大、压浆过程不连续、漏浆、冬期施工措施不到位等原因造成。

8.7.1 水泥浆泌水率过大

（1）成因分析

导致水泥浆泌水率过大问题的原因有三种：

① 采用了较大的水灰比。不同的水泥配制相同流动度的水泥浆，用水量是不同的，如为达到规定要求而采用较大水灰比，灌浆料会出现较大的泌水。

② 水泥存放时间过长，里面含有了较多结块。用计算得出的水泥用量配制出的水泥浆水灰比将偏大，出现较大泌水率。

③ 搅拌机搅拌能力差，将水泥浆搅拌均匀需增加搅拌时间，但过长的搅拌时间会导致水泥浆离析，泌水率增大。

（2）危害分析

在实际工程中如使用泌水率较大的水泥浆，那么水泥浆硬结后会在孔道内形成空腔，如果混凝土保护层有缺陷，水分容易渗入，到了冬季由于水的冻胀容易引起管道开裂。此时管道和压浆都不能很好地起到屏障保护作用，导致孔道内预应力钢筋发生锈蚀。

（3）防止措施

在后张法混凝土结构预应力孔道压浆过程中要做到：

① 制浆用的水泥要新鲜，一定不能含有任何结块。

② 所用的其他原材料如外加剂等一定要符合规范要求，不能使用过期变质的原材料。

③ 必须使用强制性搅拌机拌合灌浆料，避免搅拌时间过长影响水泥浆的质量。

8.7.2 压浆过程不连续

（1）成因分析

导致压浆过程不连续的原因有两种：

① 水泥浆数量准备不足。

② 机械设备发生故障，无备用设备。

（2）危害分析

压浆过程被迫中止，则需二次压浆，如直接从原来的压浆口进行压浆，见到出浆口有浆液冒出就认为孔道压浆已经灌满，关闭出浆口，其实此时孔道内存住的空气并没有排出，残留在孔道内形成一大段范围的空隙，导致孔道压浆不密实，有害物质容易渗入管道内引起预应力钢筋产生锈蚀。

（3）防止措施

对压浆不连续问题的防治措施有：

① 正确估计水泥浆用量，在实际施工时要充分考虑到排气口、泌水管、出浆口等处的水泥浆损耗。

② 注意机械设备维修保养，并有备用设备。

③ 一旦出现这种中断压浆的情况，应更换压浆口，在第二个压浆口内灌入整个孔道的水泥浆量，把靠前压浆口灌入的水泥浆和两次灌浆之间的气体完全排出，以保证压浆密实。

8.7.3 漏浆

（1）成因分析

导致漏浆的原因有4种：出浆管和管道之间的接缝没有处理好；排气管和波纹管之间的接缝没有处理好；两波纹管之间的接头没有处理好；浇筑混凝土时振捣棒将波纹管碰裂。

（2）危害分析

出现严重漏浆情况，压浆压力达不到规定要求，孔道压浆将不密实，有害物质容易渗入管道内引起预应力钢筋产生锈蚀。如果在实际工程中遇到此类问题，只能对漏浆的地方进行修补，不仅会延误工期还增加了工程难度，压浆质量也难以保证，影响结构物整体质量，更有可能造成难以预计的经济损失。

（3）防止措施

对连接处的处理要做到：

① 对排气孔和波纹管之间的连接要在波纹管上开洞覆盖海绵片和塑料弧形压板并用钢丝扎牢，再用内径不小于20mm的增强塑料管或标准管插在嘴上，并将其引至混凝土面以上50cm左右。

② 对波纹管之间的接头，可采用大一号的同型号波纹管作为接头管。管径为50~60mm时，接头管的长度取200mm；管径为70~85mm时，取250mm；管径为90~100mm时，取300mm。接头管的两端用防水胶带密封，不得漏浆。

③ 对压浆口和出浆口处，压浆管和出浆管与波纹管的接缝之间使用防水胶带进行密封，防止漏浆。

④ 浇筑混凝土时注意避免振捣棒碰撞波纹管。

8.7.4 冬期施工措施不到位

（1）危害分析

在冬期施工如采取的措施不到位，会出现如下问题：水泥浆可能在未凝固前就冰冻，导致波纹管的开裂，对结构物造成较久性的损害；水泥浆受冻后强度很低，即便温度回升后强度也不可能达到规范的要求，同时会降低水泥浆和预应力钢筋之间的粘结力。

141

（2）修补措施

在冬期压浆一定要严格执行规范中对压浆温度的要求，要做到：

① 压浆过程中及压浆后48h内，结构混凝土的温度不得低于5℃，否则应采取保温措施。

② 如果必须在冰冻气候下进行压浆，要采取措施保证浆体在48h内温度超过5℃。

③ 在冷冻天气过后开始压浆前，应先用热水冲洗套管（但不能用蒸汽）以排走冰凌。在温度低于冰冻点时，必须再用热压缩空气把水吹尽以避免重新冻结，至少要注入100%的额外浆，然后排掉它以去掉被禁锢的水。

④ 孔道压浆是一个很复杂的过程，任何一个小环节的疏忽都有可能给结构物的安全性和耐久性带来损害，所以整个压浆过程都要严格按照规范要求操作，层层把好质量关以确保孔道压浆的饱满密实。

8.7.5　压浆中钢管断裂

（1）现象及原因分析

有些单位为节约成本常采用焊接方法连接压浆钢管，但由于压浆钢管壁较薄，很容易被电焊焊穿，尤其是在夜间施工时很难被发现，钢管虽然连接上了，但却存在孔洞，浇筑混凝土时压浆管将被水泥砂浆堵塞，由于无法压浆导致承载力达不到设计要求，最终引起质量事故。

（2）预防措施

① 采用丝扣连接方式连接压浆钢管。

② 每节压浆管安设入孔后均应同步进行注水检验，发现管内水位下降应及时查明原因。

8.7.6　终止压浆时间不到位

（1）现象

① 某些施工单位常以压力大大超过设计压力为由，在压浆量与设计要求相差较大时即终止压浆。

② 压浆量虽然超过了设计要求，压力却很小即终止压浆。

③ 压浆量还未达到设计要求时，水泥浆从附近冒出地面就终止压浆。

（2）原因分析

① 压浆量与设计要求相差较大时压力却较高，往往是因为操作不当引起的，即压浆刚开始或刚压入部分水泥浆就挂高挡压浆，由于压浆速度的加快，导致浆液在土体中难以扩散，压力就会立即升高，形成无法压浆的假象。

② 如果一开始压浆压力就较小，并且浆液从附近冒出，说明水泥浆很可能不是从指定的压浆部位压出的，而是从上部压浆管接头处压出的。

③ 水泥浆是向最为薄弱、阻力最小的地方进行渗透的，如果压浆初始状态就采用高挡进行压浆，水泥浆液即会冒出地面。

（3）预防措施

终止压浆总的控制原则是以压浆量为主，压力控制为辅。

① 为防止水泥浆从空孔部分的压浆管接头处压出，空孔部分的压浆管接头应采用生

料带进行密封，并且空孔部分的钢管均应采用整根长钢管连接。

② 压浆应低挡慢压、先稀后浓，低挡慢压能有效防止压力增大无法压浆的情况，也能防止浆液从其他处冒出，随着压浆量的增加，压力自然形成逐渐增加的状况。

③ 如压浆量未达到设计要求出现浆液冒出时，应暂停压浆，并用缓凝型的水泥浆置换出压浆管内的水泥浆，停置1h左右再进行"复压"，如此往复，直至达到设计压浆量。

④ 当压力较小时，不能盲目地认为压浆量达到要求就终止压浆，此时应采用间隔复压、掺早强剂、封闭渗浆通道等方法，以保证有效压浆量。

8.8 孔道缺陷修补措施

8.8.1 开孔注意事项

确定缺陷的位置以及大小后，在缺陷部位对预应力孔道上半部分位置钻孔，且钻孔过程中不得损伤预应力钢束，应避开构件内的普通钢筋，要严格控制钻孔深度，以刚到波纹管为宜（图8-4）。

图8-4 钻孔示意图

对于小缺陷只需要打一个孔，重新压浆；对于较大缺陷需要打两个孔，一个为压浆孔，另一个为排气孔。开孔位置应在缺陷的两端，压浆从下方孔进行；钻孔注意避开钢筋，宜用钢筋扫描仪或混凝土雷达事先对钢筋定位。

8.8.2 箱梁波纹管压浆存在问题处理

针对箱梁纵向预应力孔道外侧出现裂缝、渗水等现象，分析原因确定处理方案。需要清除孔道内残留水及胶凝状态的物质，进行二次压浆，然后对梁体表面裂缝进行修补。此项工作必须在连续5日最低气温5℃以上方可进行。具体施工工艺如下：

（1）根据施工图纸，确定预应力孔道位置，用粉笔间隔标记。

（2）在孔道位置开孔，间隔40~50cm；凿开波纹管观察孔道内材料状态，从梁端向跨中位置依次开孔检查，检查至孔道压浆料凝固强度正常处停止。凿除混凝土时必须保证梁体钢筋、预应力钢绞线不受损伤。

（3）用高压水枪清洗孔道，用细钢丝来回疏通孔道，同时用高压水枪冲洗，直至冲洗干净为止。

（4）修复压浆管道，在冲洗好的孔道最低处埋设压浆嘴，最高处预留排气孔。

（5）将疏通所用的孔洞用聚合物砂浆填补至梁体表面齐平，由专人严格按照配合比现场配制聚合物砂浆，分层进行填补，待第一层强度上升规范值后，再填补第二层，每层约3cm。

（6）压浆，严格按照孔道压浆料的水胶比配置浆液，从埋设最低处的压浆嘴开始压浆，直至最高处预留孔出浆为止。

（7）待孔道内浆液凝固后，用聚合物砂浆封堵预留压浆孔。

（8）进行表面处理，使新浇筑的聚合物砂浆与原混凝土颜色基本一致，对于新浇筑面用桥梁专用腻子粉修补梁体表面。

8.8.3 使用主要材料性能指标

对于处理缺陷需要的材料可以选择：

（1）原配浆料

对于较大缺陷和孔道两端压浆不足，可用原配浆料进行钻孔压浆或补浆。

（2）环氧树脂材料

环氧树脂材料具有密实、抗水、抗渗漏好、强度高、附着力强等特点，可以作为快速修补材料、加固的压浆材料，用于孔道压浆小范围缺陷处理。

（3）聚氨酯材料

在工程建设中，聚氨酯材料可作为密封胶、胶粘剂、防水堵漏剂等使用，对于有水的孔道压浆小缺陷也可以使用该材料来修补。

（4）聚合物防水砂浆

聚合物防水砂浆主要用于钻孔压浆后压浆孔的修复。

8.8.4 孔道压浆注意事项

压浆后压浆孔要处理好，注意防水。对重压浆孔采用速凝混凝土、树脂材料或微膨胀材料修补后，应在表面涂上防水材料，如聚氨酯、弹性涂膜防水材料、聚合物水泥膏、聚合物薄膜（粘贴）等。

为了确保重压浆充满，在压浆后约半小时可以对每个压浆孔再次补浆。

缺陷处理效果的确认，应采用定位检测的方式确认处理效果。

针对孔道内浆料不凝固缺陷，可先将孔道内浆料清洗干净，重新注入压浆料。

在缺陷位置两端分别开孔，在相对低的一侧进行补浆，直至另一侧开孔处流出浓浆。砂浆从下面以一定的压力压入，气体会从上面孔洞被挤出，压浆效果好。如果从上面压由于重力作用泥浆在气体没有排出的情况下会从下面孔洞漏出，易出现二次空洞。补浆完成后应及时封堵钻孔，并对钻孔部位进行修饰，使构件外观质量完好。

8.8.5 孔道清理及修补典型照片

孔道清理及修补典型照片见图8-5~图8-10。

图8-5　凿孔

图8-6　清洗孔道

图8-7　高压清洗孔道（1）

图8-8　高压清洗孔道（2）

图8-9　波纹管注浆

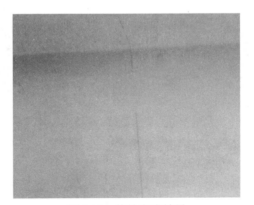

图8-10　修补完成效果

附　　录

计量法	孔道编号			长度		体积	
	压浆日期			记录人		开始、结束时间	
体积计算法	水泥浆拌制数量（cm³）①	第1次					
		第2次					
		第3次					
		第4次					
		合计					
	斗内余浆②						
	机内、管内存浆量③						
	流失浆量④						
	孔道内压浆体积⑤						

146

参 考 文 献

[1] 《中国公路学报》编辑部. 中国桥梁工程学术研究综述·2014 [J]. 中国公路学报, 2014, 27 (05): 1-96.

[2] 陈芳平. 预应力孔道灌浆质量无损检测与快速评价技术研究 [D]. 重庆: 重庆交通大学, 2014.

[3] Salas R M, Schokker A J, West J S, Breen J E, et al. Corrosion risk of bonded, post-tensioned concrete [J]. PCI Journal, 2008, 53 (1): 89-107.

[4] 冯大斌, 董建伟, 孟履祥. 后张预应力孔道灌浆现状 [J]. 施工技术, 2006 (04): 49-51.

[5] 王中仓, 徐斌. 桥梁预应力真空压浆施工技术 [J]. 科协论坛 (下半月), 2009 (9): 20-21.

[6] 张惠安, 陈涛. 真空压浆工艺在预应力混凝土结构中的应用 [J]. 山西建筑, 2008 (33): 162-163.

[7] 戴佩云. 真空压浆技术在连续箱梁桥梁结构施工中的应用 [J]. 中外建筑, 2009 (08): 175-176.

[8] 中华人民共和国交通部. 公路桥涵施工技术规范 JTG/T F50—2011 [D]. 北京: 人民交通出版社, 2011.

[9] 张洁. 浅析道路桥梁施工管理中存在的问题及优化措施 [J]. 江西建材, 2014 (16): 152.

[10] 张瑞斌. 谈公路桥梁预应力智能张拉施工技术 [J]. 山西建筑, 2013, 39 (03): 197-198.

[11] 赵翔宇. 浅谈梁板智能张拉压浆系统在高速公路的应用及发展前景 [J]. 山西交通科技, 2012 (06): 69-70+76.

[12] 陈海斌, 张云文, 秦江. 预应力混凝土智能张拉与智能压浆新工艺应用 [J]. 内蒙古公路与运输, 2012 (05): 1-3.

[13] 于英华. 真空辅助压浆的原理及其应用 [J]. 商品与质量, 2009 (S4): 36-38.

[14] 吴娇娇. 预应力管道压浆料真空压浆技术应用 [J]. 交通世界, 2016 (10): 90-91+115.

[15] 金正川. 循环压浆技术在预制箱梁施工中的应用 [C]. 中国公路学会桥梁和结构工程分会 2013 年全国桥梁学术会议论文集. 中国公路学会桥梁和结构工程分会、辽宁省公路学会、中朝鸭绿江界河公路大桥项目指挥部: 中国公路学会, 2013, 245-248.

[16] 王燕. 浅析智能压浆技术在桥梁施工中的应用 [J]. 江苏科技信息, 2015 (02): 62-63.

[17] 赵锡森. 后张预应力桥梁管道循环压浆智能控制技术应用研究 [C]. 特种混凝土与沥青混凝土新技术及工程应用. —北京: 中国土木工程学会, 2012, 348-351.

[18] 黎人伟. 智能预应力施工工艺在桥梁施工中的应用研究 [D]. 长沙: 长沙理工大学, 2014.

[19] 孙衍存. 桥梁预应力智能张拉技术和大循环压浆施工 [J]. 山西建筑, 2016, 42 (08): 197-198.

[20] 李海涛, 王昊平. 循环智能压浆对比试验及压浆质量影响因素分析 [J]. 公路交通科技 (应用技术版), 2014, 10 (12): 345-348.

[21] J Krautkrämer, H Krautkrämer. Ultrasonic testing of materials [M]. Springer Science & Business Media, 2013.

[22] 何慧军, 王素香. 预应力管道压浆缺陷对桥梁影响的研究分析 [J]. 商品与质量, 2009 (S7): 79-81.

[23] 丁如珍. 后张法预应力混凝土钢束的锈蚀及其对策 [J]. 华东公路, 1998 (3): 13-15.

[24] 周先雁, 栾健, 王智丰. 桥梁箱梁孔道灌浆质量检测中冲击回波法的应用 [J]. 中南林业科技大学学报, 2010 (10): 78-82

[25] Woodward R. Collapse of a segmental post-tensioned concrete bridge [J]. Transportation research

record, 1989 (1211): 38-59.

[26] Woodward R, Williams F. Collapse of Ynys-Y-Gwas Bridge, West Glamorgan [J]. Ice Proceedings, 1988, 86 (6): 1177-1191.

[27] Mathy B, Demars P, Roisin F, et al. Investigation and strengthening study of twenty damaged bridges: A Belgium case history. Bridge Management 3. Inspection, Maintenance and Repair. Papers Presented at the Third International Conference on Bridge Management, University of Surrey, Guildford, UK, 1996.

[28] 王建峰. 后张法预应力结构孔道压浆不密实的病害分析 [J]. 科技信息, 2008 (33): 139-140.

[29] 马宏伟, 吴斌. 弹性动力学及其数值方法 [M]. 北京: 中国建材工业出版社, 2000.

[30] 郭伟国, 李玉, 龙索涛. 应力波基础简明教程 [M]. 西安: 西北工业大学出版社, 2007.

[31] iTECS检测混凝土结构内部缺陷的研究 [D]. 北京: 北京交通大学, 2012.

[32] 吴斌. 结构中的应力波 [M]. 北京: 科学出版社, 2001.

[33] 刘喜武. 弹性波场理论 [M]. 青岛: 中国海洋大学出版社, 2008.

[34] 张伯军, 刘财, 冯暄, 等. 弹性动力学简明教程 [M]. 北京: 科学出版社, 2010.

[35] 傅鹤林. 岩土工程数值分析新方法 [M]. 长沙: 中南大学出版社, 2006.

[36] Sansalone M, Carino N J. Impact-echo: A method for flaw detection in concrete using transient stress waves [M]. US Department of Commerce, National Bureau of Standards, Center for Building Technology, Structures Division, 1986.

[37] 吕小彬, 吴佳晔. 冲击弹性波理论与应用 [M]. 北京: 中国水利水电出版社, 2016.

[38] Zhang Q, Li J, Liu B, et al. Directional drainage grouting technology of coal mine water damage treatment [J]. Procedia Engineering, 2011, 26: 264-270.

[39] 栾健. 预应力管道灌浆质量检测的试验研究 [D]. 长沙: 中南林业科技大学, 2011.

[40] 唐钰昇. 探地雷达法进行预应力管道定位检测的模型试验研究 [D]. 重庆: 重庆交通大学, 2009.

[41] 吴佳晔, 安雪晖, 田北平. 混凝土无损检测技术的现状和进展 [J]. 四川理工学院学报 (自然科学版), 2009, 22 (04): 4-7.

[42] 李大心. 探地雷达方法及其应用 [M]. 北京: 地质出版社, 2003.

[43] 李大心. 公路工程质量的探地雷达检测技术 [J]. 地球科学, 1996 (06): 97-100.

[44] 茹瑞典, 张金才, 戚筱俊. 地质雷达探测技术的应用研究 [J]. 工程地质学报, 1996 (02): 51-56.

[45] 刘军, 赵晓华, 赵崇铏. 钢筋混凝土板的雷达波无损检测 [J]. 汕头大学学报 (自然科学版), 2003 (04): 67-72.

[46] 张玉海. 探地雷达在工程检测中的应用 [J]. 混凝土, 2003 (01): 31-32, 65.

[47] 曾召发, 刘四新, 王者江, 薛建. 探地雷达方法原理及应用 [M]. 北京: 科学出版社, 2006.

[48] 密士文, 彭凌星, 张家松. 地质雷达在桥梁预应力管道注浆质量检测中的应用 [J]. 湖南交通科技, 2018, 44 (01): 134-137.

[49] 魏超, 肖国强, 王法刚. 地质雷达在混凝土质量检测中的应用研究 [J]. 工程地球物理学报, 2004 (05): 447-451.

[50] 向勇, 张梦龙, 屈建强, 张麟. 预应力管道压浆质量检测方法的研究 [J]. 重庆工商大学学报 (自然科学版), 2012, 29 (09): 82-85.

[51] 徐向锋, 叶见曙, 钱培舒. 后张法孔道压浆工艺若干问题探讨 [J]. 水利水电科技进展, 2005 (05): 68-71.

[52] 朱自强, 密士文, 鲁光银, 王凡, 周勇. 金属预应力管道注浆质量超声检测数值模拟 [J]. 中南大学学报 (自然科学版), 2012, 43 (12): 4888-4894.

[53] 密士文, 朱自强, 彭凌星, 等. T梁预应力波纹管压浆密实度超声检测试验研究 [J]. 中南大学学

报（自然科学版），2013，44（06）：2378-2384.

[54] 杨忠，梁俊辉，张升彪，等．超声成像法在桥梁预应力管道注浆质量检测中的应用［J］．公路工程，2012，37（05）：168-171.

[55] 姚华．扫描式冲击回波法检测后张预应力管道内缺陷的模型试验研究［D］．重庆：重庆交通大学，2008.

[56] 王智丰，周先雁，晏班夫，等．冲击回波法检测预应力束孔管道压浆质量［J］．振动与冲击，2009，28（01）：166-169，190，203-204.

[57] 邹春江，陈征宙，董平，等．冲击回波主频对箱梁预应力孔道注浆饱满度的响应及应用［J］．公路交通科技，2010，27（01）：72-77.

[58] 刘正兴，李富裕，何文明．应用地质雷达进行桥梁预应力管道注浆质量检测的研究［J］．湖南交通科技，2011，37（04）：106-109.

[59] 李秋锋．混凝土结构内部异常超声成像技术研究［D］．南京：南京航空航天大学，2008.

[60] 黄建新．冲击回波法在混凝土结构无损检测中的应用［D］．南京：河海大学，2006.

[61] 密士文．混凝土中超声波传播机理及预应力管道压浆质量检测方法研究［D］．长沙：中南大学，2013.

[62] 邱平，张荣成．新编混凝土无损检测技术［M］．北京：中国环境科学出版社，2002.

[63] 陈国栋．超声波在混凝土桩基础无损检测中的应用研究［D］．武汉：武汉理工大学，2005.

[64] 杨天春，易伟建，鲁光银，等．预应力T梁束孔管道压浆质量的无损检测试验研究［J］．振动工程学报，2006，19（3）：411-415.

[65] 郭伟玲，刘军．超声波平测法检测混凝土裂缝深度［J］．四川建筑科学研究，2014，40（6）：91-93.

[66] 林维正．检测混凝土质量的超声脉冲法的进展［J］．无损检测，1981（6）：26-32.

[67] 沈国伟，吴瑞潜．关于提高超声法检测混凝土技术准确度的探讨［J］．传感器世界，2000，（7）：17-20.

[68] 王军波．关于超声法检测混凝土缺陷技术中如何提高声速测量准确度的探讨［J］．建筑技术开发，1998（2）：33-36.

[69] 牛峥．超声波缺陷检测方法应用研究［D］．西安：长安大学，2009.

[70] 姜盼．超声波检测预应力梁孔道压浆质量的试验研究［D］．哈尔滨：东北林业大学，2012.

[71] 赵胜永，韩庆邦，朱昌平．波纹管孔道压浆密实度超声仿真分析［J］．实验技术与管理，2013（12）：44-47.

[72] 魏连雨，张志明，王清洲，等．桥梁预应力孔道压浆密实度的无损检测方法［J］．无损检测，2013，35（1）：27-30.

[73] 王自彬．预应力孔道压浆密实度检测研究［J］．中国市政工程，2014（1）：30-32.

[74] Mu X G, Huang X G.Ultrasonic detection of grouting effect（in Chinese）［J］International Journal of Rock Mechanics and Mining Sciences & Geomechanics Abstracts，1995，20（3）：298－303.

[75] 徐义标，张峰，曹原，等．波纹管孔道压浆密实度定量检测的试验研究［J］．中外公路，2015，35（3）：89-92.

[76] Yang C D. Grouting Quality Test Status and New Technology of Bridge Prestressed Channel［J］.Communications Standardization，2012.

[77] 侯海元，吴进星，吴佳晔．预应力孔道压浆密实度检测方法应用分析［J］．西部交通科技，2013（10）：48-51.

[78] 陈浩昆．客运专线箱梁预应力孔道压浆密实度检测研究［J］．国防交通工程与技术，2012（s1）：10-12.

[79] Wang S. Analysis of Ultrasound in the Grouting Quality Testing of Prestressed Tunnel ［J］.

Highway Engineering, 2013.

[80] 朱自强，喻波，密士文，等．预应力管道压浆质量的超声波相控阵检测方法［J］．中南大学学报（自然科学版），2014，（10）：3521-3530.

[81] Sack D A, Olson L D. Advanced NDT methods for evaluating concrete bridges and other structures［J］. NDT&E International, 1995, 28（6）: 349-357.

[82] 张治泰．《超声法检测混凝土缺陷技术规程》修订［J］．施工技术，2000，29（10）：48-48.

[83] Zhou S L, Zhang F, Cao Y. The Experimental Study of Ultrasonic Testing Prestressed Bellows Pore Grouting Quality［J］. Applied Mechanics & Materials, 2015, 711: 461-468.

[84] Zhang H, Pan J. Wavelet analysis on prestressed duct grouting condition detection with ultrasonic method［C］. International Conference on Electric Information & Control Engineering, 2011.

[85] 伍硕群．混凝土结构损伤的主动超声波检测方法研究［D］．江门：五邑大学，2009.

[86] 吴新璇．混凝土无损检测技术手册［M］．北京：人民交通出版社，2003.

[87] 杨攀．预应力孔道压浆不密实的判定及处理［J］．城市建筑，2013（6）：69-69.

[88] 桥梁预应力孔道压浆密实度无损检测［J］．山西交通科技，2014（2）.

[89] 赵立秋，辛光涛．桥梁预应力孔道压浆质量测试方法研究与应用［J］．公路，2017，（11）：126-129.

[90] 李世芳，邓治国．大跨径桥梁注浆密实度检测研究［J］．山西建筑，2018，44（23）：173-174.

[91] 曹原．PC箱梁桥钢绞线张拉力与波纹管孔道压浆密实性检测研究［D］．济南：山东大学，2016.

[92] 王智丰．预应力管道压浆质量评估试验及应用研究［D］．长沙：中南林业科技大学，2009.

[93] 吴宗凡，美琳．外与微光技术［M］．北京：国防工业出版社，1998，1-5，259-265.

[94] 李斌，王成．散射成像法在后张法预应力孔道压浆质量检测方面的应用效果分析［J］．城市道桥与防洪，2013（07）：337-339，26.

[95] 曹艳超．预应力混凝土梁孔道压浆效果检测技术及应用［D］．石家庄：石家庄铁道大学，2015.

[96] 李为杜．红外检测技术基本原理、应用及热像仪特性分析［C］．第六届全国建筑工程无损检测技术学术会议论文集．中国土木工程学会混凝土预应力混凝土学会建设工程无损检测学术委员会：中国土木工程学会，1999：20-29.

[97] 张永健，张川．红外热成像法在路面检测中的应用［J］．建材世界，2013，34（5），53-55.

[98] 蒋济同，范晓义．红外热像技术在混凝土检测中的应用现状和发展趋势［J］．无损检测，2011，33（02）：52-55.

[99] 张小琼，汤春飞，王彦周，等．预应力索灌浆质量的X射线检测［J］．无损检测，2011，33（05）：63-64，68.

[100] 安琳，郑亚明．后张预应力混凝土结构灌浆空洞X射线无损检测的试验研究［J］．公路交通科技，2008（01）：92-97.

[101] 曾祥照．无损检测新技术——X射线数字成像研究与应用［J］．压力容器，1997（06）：38-46，37-89.

[102] 高翔，赵得龙，刘伟伟，等．THz成像技术在预应力梁压浆密实度检测中的应用［J］．天津建设科技，2017，27（04）：56-59.

[103] 田克平．公路桥涵施工技术规范实用手册［M］．北京：人民交通出版社，2011.

[104] 马俊尧．梁板孔道压浆饱满度无损检测技术［J］．价值工程，2015，34（30）：141-143.

[105] 梁晓东，陈康军，徐有为．后张法预应力管道压浆质量控制研究［J］．公路，2012（08）：110-113.

[106] 王和林，黎宇．真空压浆在预应力构件管道压浆中的应用［J］．山西建筑，2005（10）：98-99.

[107] 奉武贵．后张预应力桥梁孔道压浆问题探讨［J］．公路，2012（04）：152-154.